알기 쉬운 동물보건영상학 실습지침서

김경민

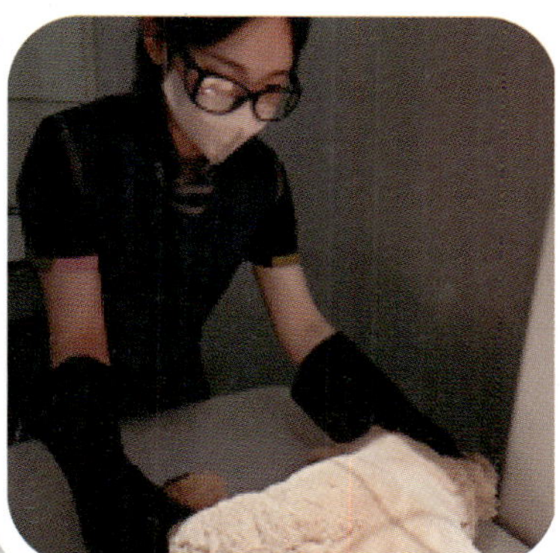

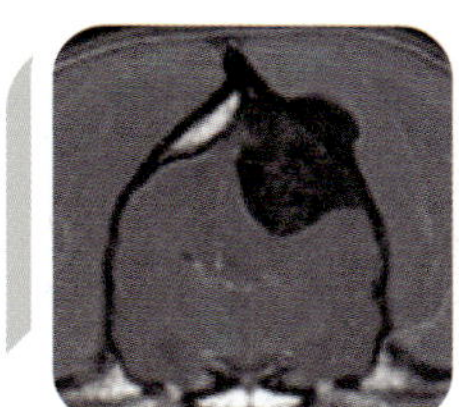

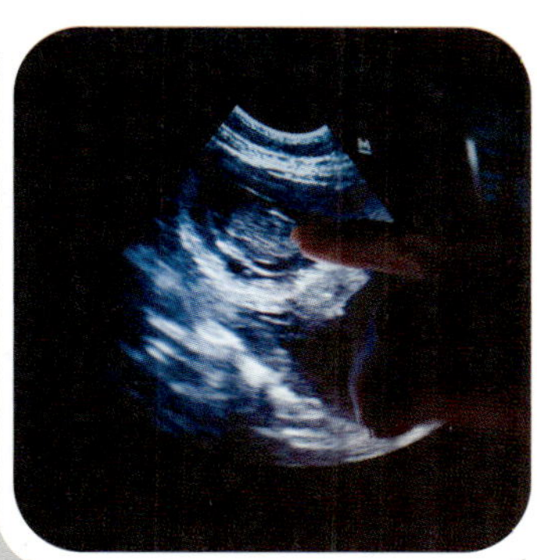

동물진단용 영상기기의 종류와 검사 원리를 이해하고 검사 장비의 사용법을 익혀 동물환자와 상황에 맞는 검사가 원활하게 이루어질 수 있도록 학습한다. 또한 여러 가지 영상진단기기의 효과적인 관리와 주의사항을 숙지하여 안전한 검사가 진행되도록 동물보건사의 실무 능력을 함양한다.

박영story

머리말

동물의료 분야에서 영상진단 장비는 동물 질병의 진단, 치료, 경과 확인을 위해 매우 기본적이고 중요한 진단 장비이며 이러한 장비의 사용 빈도는 빠르게 증가하고 있다. 따라서 동물병원에서 수의사를 보조하는 동물보건사는 다양한 영상진단 장비에 대한 기본 원리와 검사보조를 위한 폭넓은 이해가 필요하다.

이 책은 동물보건사 양성 기관의 학생들을 위한 동물보건영상학 실습지침서로써, 방사선과 초음파검사, CT 그리고 MRI 검사의 기본 원리와 원활한 검사보조를 위한 실습 방법에 대해 다루고 있다.

학생들이 동물보건영상학 실습교육을 통해 동물의료 현장에서 요구하는 전문업무 능력을 배양할 수 있도록 보다 체계적인 실습교육 운영과 관리가 되길 바라며, 이를 통해 동물보건사가 되기 위해 준비하는 학생들에게 이 책이 유용하고 의미있게 사용될 수 있기를 희망한다.

끝으로 이 책이 출간되기까지 많은 시간과 노력을 할애해 준 이다연, 전지효, 정은수, 최윤서 등 반려생물학과 학생들에게도 깊은 감사의 뜻을 전한다.

2023년 2월

실습 유의사항

실습생 준수사항

1. 실습교육은 정해진 시간을 지킨다.
2. 실습기간 동안 실습지침서를 항상 지참한다.
3. 실습복장은 청결하게 유지하고 머리는 단정하게 정리하여 실습에 방해가 되지 않도록 한다.
4. 실습기간 동안 실습생은 원칙적으로 장신구 착용을 금한다.
5. 본인의 감염관리를 철저히 하고, 감염 질환에 이환되거나 유사 증상이 있을 경우 비대면 실습교육 등으로 대처될 수 있다.
6. 실습 교육에서 요구되는 안전에 관한 자세한 사항은 '실습교육 학생안전관리 지침'에 따른다.

실습일지 작성

1. 실습 일자를 정확히 기록한다.
2. 실습을 수행한 후 실습한 내용을 구체적으로 작성한다.
3. 실습 후 실습 내용을 충분히 숙지하여 실습일지를 작성한다.

실습지도

1. 학생이 동물보건영상학의 이론 지식을 숙지하고 실습을 수행할 수 있도록 지도한다.
2. 실습지침서의 내용을 기반으로 지도한다.
3. 학생들과 실습 동물의 안전에 유의한다.
4. 실습 동물의 돌발 상황이 생기지 않도록 유의하고 대처 능력을 배울 수 있도록 지도한다.

실습성적 평가

1. ______시간 결석 시 ______점 감점한다.
2. ______시간 지각 시 ______점 감점한다.
3. ______시간 결석 시 성적 부여가 불가능(F) 하다.

주차별 실습계획서

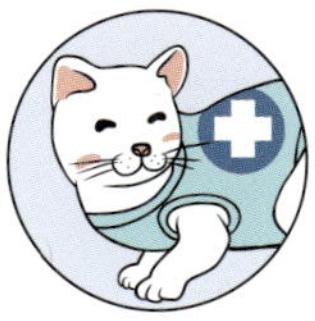

주차	학습 목표	학습 내용
1	방사선의 발생 원리와 장비의 구성에 대해 이해하기	• X-선의 발생 과정을 이해하고 동물진단용 방사선 발생 장치의 구성에 대해 설명할 수 있다.
2	방사선 노출조건표 작성하기	• 양질의 방사선 영상을 획득하기 위해 방사선 촬영에 필요한 노출조건표를 작성할 수 있다. • 동물환자의 체격과 검사 부위에 따른 방사선 노출 조건을 설정할 수 있다.
3	방사선 영상진단의 기본 개념 이해하기	• 방사선 영상진단의 원리를 이해하고 설명할 수 있다. • 동물진단용 영상진단기기의 종류를 열거할 수 있다.
4	동물진단용 방사선 안전관리에 대해 숙지하기	• 방사선 안전의 중요성을 설명할 수 있다. • 동물진단용 방사선 발생 장치를 사용할 때 관련 종사자가 주의할 점을 설명할 수 있다. • 방사선 보호장비를 착용하고 안전 수칙을 준수할 수 있다.
5	동물환자의 방사선 촬영 자세에 관한 용어 이해하기	• 방사선 촬영을 위해 동물환자의 여러 가지 자세를 지칭하는 용어에 대해 이해할 수 있다. • 동물환자의 방사선 검사를 위해 자세잡기 용어를 어떻게 부르는지 이해할 수 있다.
6	방사선검사 영상처리 방법에 대해 이해하기	• 방사선검사의 영상처리 방법에서 아날로그 방식과 디지털 방식을 설명할 수 있다. • 방사선 영상 처리 과정에 대해 설명할 수 있다.
7	흉부 방사선 검사법 이해하기	• 흉부 방사선검사 방법을 이해하고 장비를 이용하여 동물환자의 기본 방사선검사를 보조할 수 있다. • 양질의 흉부 방사선 영상 획득을 위해 - 중심선(Beam center)이 어디인지 설명할 수 있다. - 촬영범위(ROI)가 어떻게 되는지 설명할 수 있다. • 흉부 방사선사진에서 동물의 정상 해부학적 구조를 설명할 수 있다.

8	복부 방사선 검사법 이해하기	• 복부 방사선검사 방법을 이해하고 장비를 이용하여 동물환자의 기본 방사선검사를 보조할 수 있다. • 양질의 복부 방사선 영상 획득을 위해 - 중심선(Beam center)이 어디인지 설명할 수 있다. - 촬영범위(ROI)가 어떻게 되는지 설명할 수 있다. • 복부 방사선사진에서 동물의 정상 해부학적 구조를 설명할 수 있다.
9	앞다리 방사선검사 방법 이해하기	• 앞다리 방사선검사 방법을 이해하고 장비를 이용하여 동물환자의 기본 방사선검사를 보조할 수 있다. • 양질의 앞다리 방사선 영상 획득을 위해 - 중심선(Beam center)이 어디인지 설명할 수 있다. - 촬영범위(ROI)가 어떻게 되는지 설명할 수 있다. • 앞다리 방사선사진에서 동물의 정상 해부학적 구조를 설명할 수 있다.
10	뒷다리 방사선검사 방법 이해하기	• 뒷다리 방사선검사 방법을 이해하고 장비를 이용하여 동물환자의 기본 방사선검사를 보조할 수 있다. • 양질의 뒷다리 방사선 영상 획득을 위해 - 중심선(Beam center)이 어디인지 설명할 수 있다. - 촬영범위(ROI)가 어떻게 되는지 설명할 수 있다. • 뒷다리 방사선사진에서 동물의 정상 해부학적 구조를 설명할 수 있다.
11	척추 방사선검사 방법 이해하기	• 척추 방사선검사 방법을 이해하고 장비를 이용하여 동물환자의 기본 방사선검사를 보조할 수 있다. • 양질의 척추 방사선 영상 획득을 위해 - 중심선(Beam center)이 어디인지 설명할 수 있다. - 촬영범위(ROI)가 어떻게 되는지 설명할 수 있다. • 척추 방사선사진에서 동물의 정상 해부학적 구조를 설명할 수 있다.
12	머리 방사선검사 방법 이해하기	• 머리 방사선검사 방법을 이해하고 장비를 이용하여 동물환자의 기본 방사선검사를 보조할 수 있다. • 양질의 머리 방사선 영상 획득을 위해 - 중심선(Beam center)이 어디인지 설명할 수 있다. - 촬영범위(ROI)가 어떻게 되는지 설명할 수 있다. • 머리 방사선사진에서 동물의 정상 해부학적 구조를 설명할 수 있다.

13	식도조영검사 방법 이해하기	• 식도조영검사 방법을 이해하고 검사를 보조할 수 있다. • 동물환자의 식도조영검사 과정에서 주의할 점을 숙지하고 안전한 검사가 진행될 수 있도록 한다.
14	방광조영검사 방법 이해하기	• 방광조영검사 방법을 이해하고 검사를 보조할 수 있다. • 동물환자의 방광조영검사 과정에서 주의할 점을 숙지하고 안전한 검사가 진행될 수 있도록 한다.
15	초음파검사 기기의 원리와 구성 이해하기	• 동물진단용 초음파검사 기기의 원리를 이해하고 설명할 수 있다. • 초음파기기의 구성을 이해하고 설명할 수 있다. • 원활한 검사를 위해 초음파검사 기기의 관리 방법을 숙지하고 설명할 수 있다.
16	복부 초음파검사 보조하기	• 동물환자의 복부 초음파검사를 위한 준비과정과 주의할 점을 이해하고 적용할 수 있다. • 복부 초음파검사를 위해 동물환자의 자세를 어떻게 잡고 보조해야 하는지 설명할 수 있다.
17	심장 초음파검사 보조하기	• 동물환자의 심장 초음파검사를 위한 준비과정과 주의할 점을 이해하고 적용할 수 있다. • 심장 초음파검사를 위해 동물환자의 자세를 어떻게 잡고 보조해야 하는지 설명할 수 있다.
18	안초음파검사 보조하기	• 동물환자의 안초음파검사를 위한 준비과정과 주의할 점을 이해하고 적용할 수 있다. • 안초음파검사를 위해 동물환자의 자세를 어떻게 잡고 보조해야 하는지 설명할 수 있다.
19	CT 검사 보조하기	• 동물환자의 CT 검사를 위한 준비과정과 주의할 점을 이해하고 적용할 수 있다. • CT 검사를 위해 동물환자의 자세를 어떻게 잡고 검사 보조를 해야 하는지 설명할 수 있다.
20	MRI 검사 보조하기	• 동물환자의 MRI 검사를 위한 준비과정과 주의할 점을 이해하고 적용할 수 있다. • MRI 검사를 위해 동물환자의 자세를 어떻게 잡고 검사 보조를 해야 하는지 설명할 수 있다.

목차

PART 01

방사선검사 원리의 이해 및 촬영 준비

1 방사선 발생 원리와 장비의 구성

알기 쉬운 동물보건영상학 실습지침서

사람과 달리 자신의 질병 상태를 말로 표현할 수 없는 동물의료분야에서 방사선은 질병의 진단과 치료에 많은 역할을 하고 있다. X-선은 독일의 물리학자인 뢴트겐(Wilhelm Conrad Rontgen)에 의해 1895년에 발견되었으며 100여년이 지난 지금도 동물의료분야에서 널리 사용되고 있다.

✔ 방사선 발생의 원리

- X-선은 빠른 속도로 가속화된 전자가 금속(Target)과 충돌할 때 생성된다.
- 이 과정은 X-선관 안에서 일어나며, X-선관은 유리관 내에서 음극(Cathode)에서 생성된 전자가 양극(Anode)으로 끌려가서 양전하를 띤 표적(Target)에 충돌하면서 X-선이 발생한다.
- 전자의 수는 필라멘트(Filament)를 통해 빠져나가는 전자의 양과 연관되고 이는 X-선 장치에서 mA(milliampere)라는 게이지 조절을 통해 이루어진다.
- 전자는 필라멘트와 표적 사이의 전압차에 의해 금속 표적을 향해 가속화되는데, 이 전위 전압차는 X-선 장치에 있는 kVp로 조절된다(kVp의 증가는 음극과 양극 사이의 전압차를 증가시킨다).
- 양극과 충돌하는 전자 에너지는 대부분 열로 전환(99%)되므로 표적은 매우 높은 열에 잘 견디는 물질인 텅스텐이 주로 사용된다.

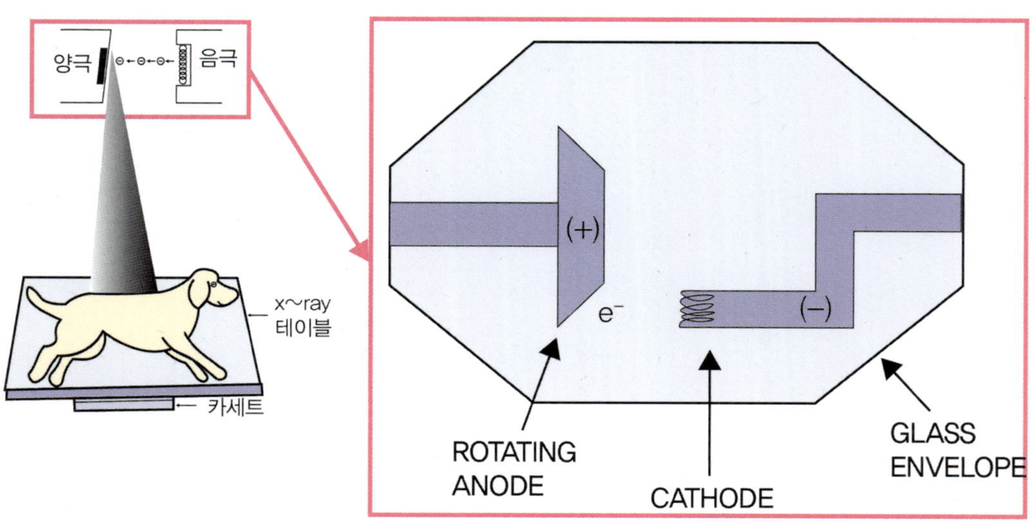

✔ 방사선 장비의 구성

- 방사선 장비는 X-선관(X-ray tube), 검사대(Table), 제어기(Controller), 고전압제어 및 발생기(Generator)로 구성되어 있다.

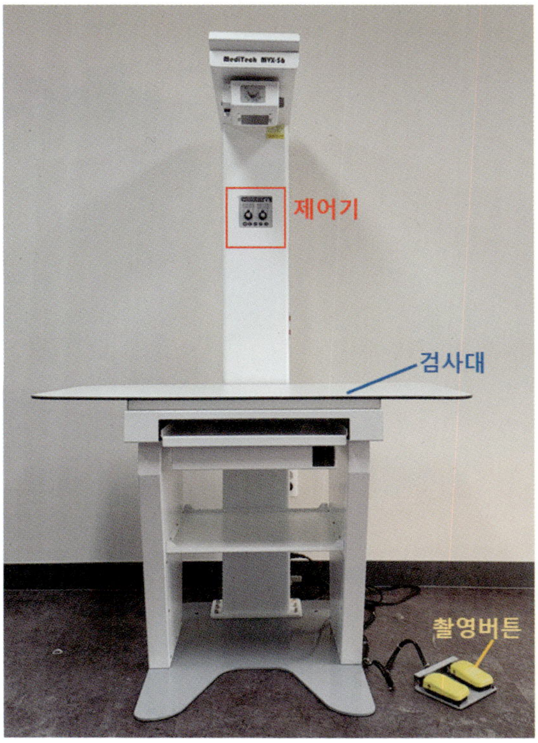

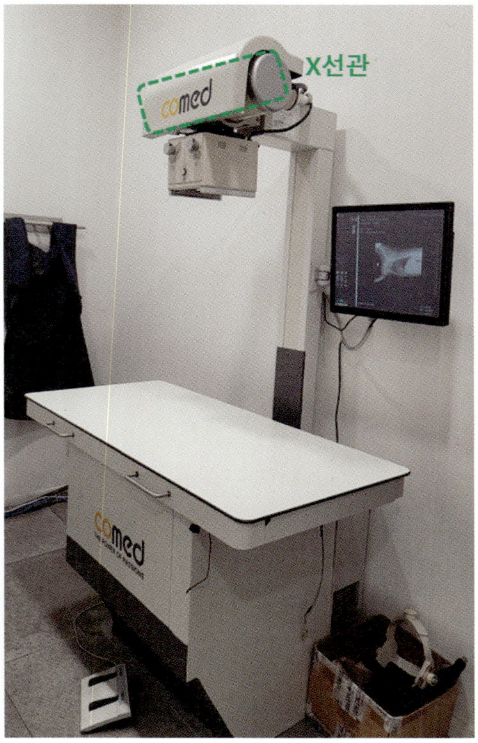

실습 일지

실습 일자	년　　월　　일	실습실	
실습 준비물	방사선 촬영기기 또는 모형		
실습 내용	1) X-선관(X-ray tube)의 내부 구조를 그리고 X-선 발생 원리에 대해 적어 봅시다. 2) 방사선 장비(또는 모형)에서 X-선관(X-ray tube), 검사대(Table), 제어기(Controller), 고전압제어 및 발생기(Generator)가 각각 어디에 있는지 찾아보고 구성과 명칭을 설명해 봅시다.		

실습 마무리

다음 그림을 보고 방사선 발생 원리를 이용한 동물진단용 영상검사 기기에는 어떤 것들이 있는지 설명해 봅시다.

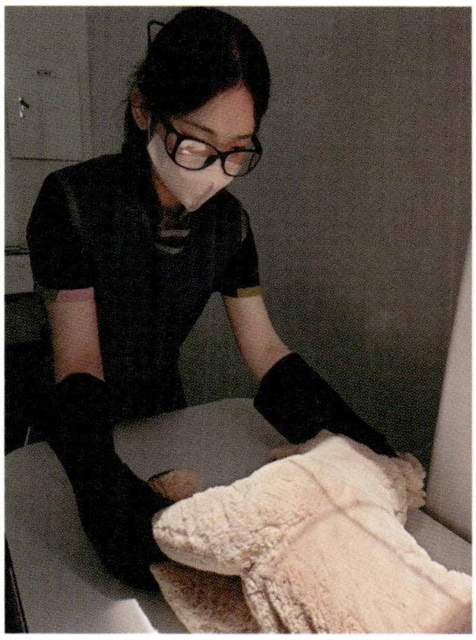

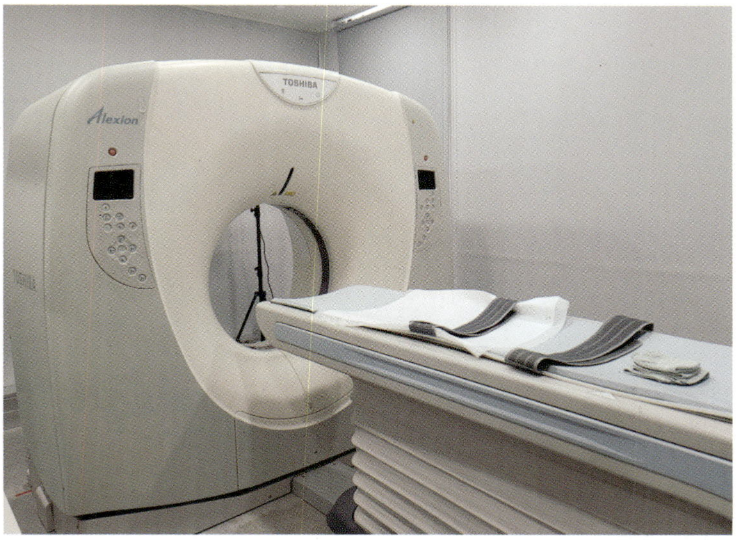

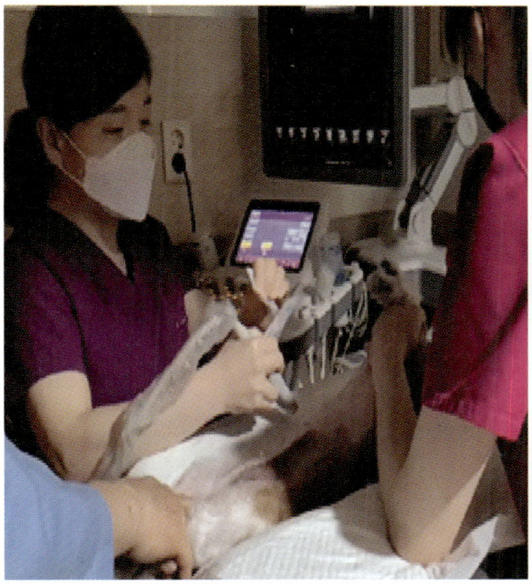

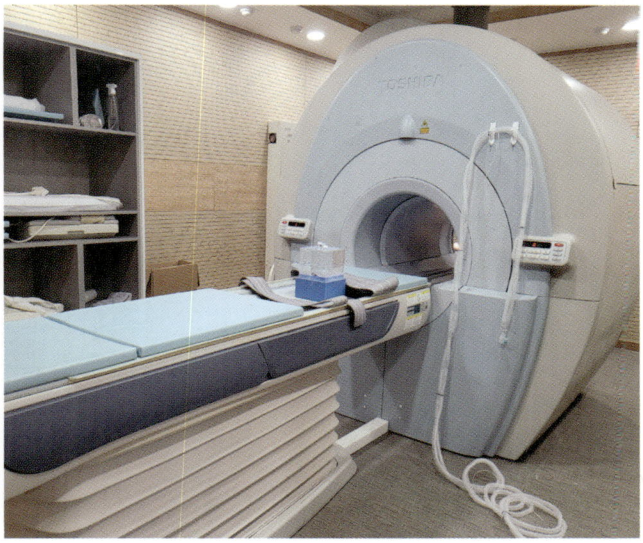

2 방사선 노출조건표의 작성

동물환자의 체격과 검사 부위에 따라 방사선기기의 노출 조건은 달라질 수 있다. 양질의 방사선 영상을 획득하기 위해 동물병원에서 보유한 방사선기기의 촬영에 적합한 노출조건표를 작성하여 원활한 방사선 검사를 보조할 수 있다.

✔ 방사선 노출조건표 작성하는 방법

1. 개의 선택 : 온순하고 중등도의 성견

2. X-선 촬영장치 : SID 조정

- Focal spot에서 X-선 필름까지의 거리는 생성되는 영상의 강도에 영향을 미친다.
- FFD(Focal Film Distance) or SID(Source Image Distance)
- 역자승의 법칙 : X-선의 강도는 거리의 제곱에 반비례
- 일반적인 SID는 36-40inch(90-100cm)이다.

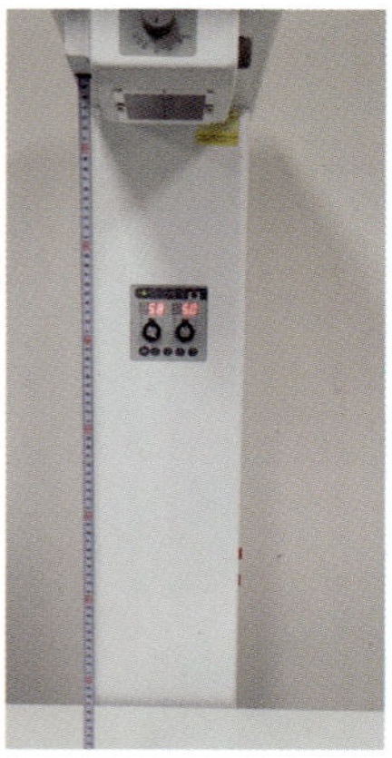

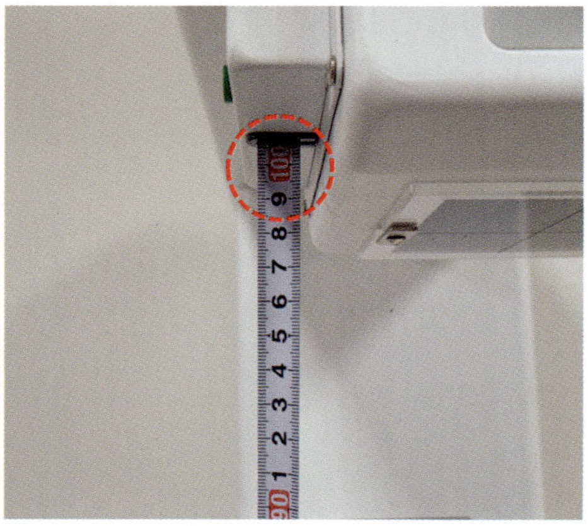

3. 노출표 : kVp, mAs

① mAs

- 전자는 음극의 필라멘트가 가열됨으로써 생성된다. 필라멘트를 가열시키는데 전류가 이용되는데 이를 Milliampere(mA)로 표시한다.
- mA가 증가 → 가용 전자의 수 증가
- mA는 X-선 빔의 강도에 영향을 주며 생산된 X-선의 양을 측정하는 척도가 된다.
- 일정 촬영 시 생산된 X-선의 총량은 노출 시간에 의해서도 영향
- 노출시간 : X-선이 튜브에서 방출되는 기간, 단위는 second

$$mA \times time\ (seconds) = mAs$$

② kVp

- 양극과 음극 사이의 전위 차이를 Kilovoltage라고 한다.
- "Peak"라는 단어는 일정 Kilovoltage setting 시 최대한으로 사용 가능한 에너지를 가리킨다.
- Kilovoltage가 높을수록 전자는 더 빠르게 가속된다. 이러한 가속으로 인하여 양극의 Target에서 전자의 충돌로 생기는 X-선 에너지의 양을 증가시킨다.
- kVp는 X-선의 질을 결정 → 조직 투과능력도 결정
- 높은 kVp setting → 많은 X-선 도달 & 많은 투과선을 생성

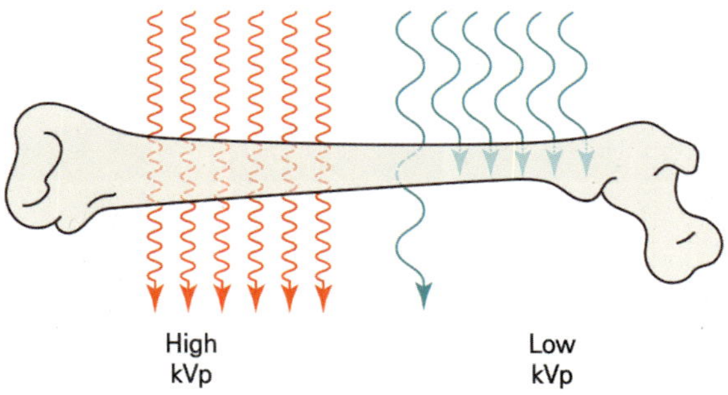

kVp 수준이 투과에 미치는 영향을 나타내는 그림
kVp를 높게 조정하면 X-선 속은 그만큼 투과력이 높아지고 따라서 더 많은 X-선이 필름에 도달한다.

4. 시험촬영 : 계산된 노출조건을 사용한다.

Santes의 법칙

촬영하고자 하는 부위의 두께(cm) × 2 + 40 = ? kVp

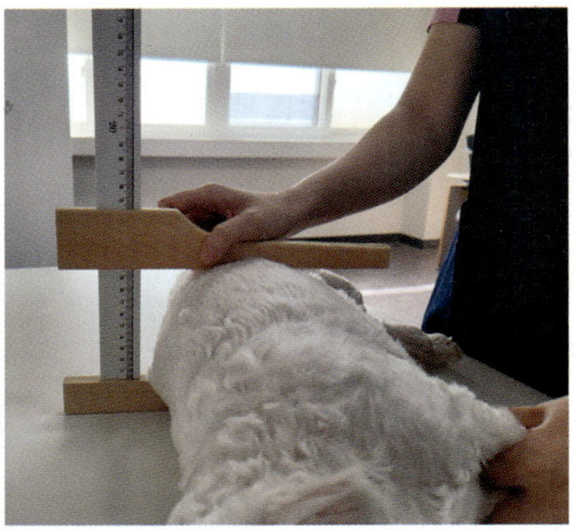

촬영자(Caliper)를 이용하여 촬영하고자 하는 부위의 두께를 측정

5. 획득한 영상의 평가

너무 어둡다 : mAs 30–50% ↓ or kVp 10–15% ↓

너무 밝다 : mAs 30–50% ↑ or kVp 10–15% ↑

6. 시험촬영을 반복한다.

7. 노출조건표의 작성 및 완성

예시

<table>
<tr><th>Thickness</th><th colspan="2">Thorax</th><th colspan="2">Abdomen</th><th colspan="2">Extremity</th></tr>
<tr><td>cm</td><td>kVp</td><td>mAs</td><td>kVp</td><td>mAs</td><td>kVp</td><td>mAs</td></tr>
<tr><td>>3</td><td>52</td><td rowspan="13">2.5</td><td>44</td><td rowspan="18">8</td><td>46</td><td rowspan="4">12.5</td></tr>
<tr><td>4</td><td>54</td><td>46</td><td>48</td></tr>
<tr><td>5</td><td>56</td><td>48</td><td>50</td></tr>
<tr><td>6</td><td>58</td><td>50</td><td>52</td></tr>
<tr><td>7</td><td>60</td><td>52</td><td>54</td><td rowspan="14">16</td></tr>
<tr><td>8</td><td>62</td><td>54</td><td>56</td></tr>
<tr><td>9</td><td>64</td><td>56</td><td>58</td></tr>
<tr><td>10</td><td>66</td><td>58</td><td>60</td></tr>
<tr><td>11</td><td>68</td><td>60</td><td>62</td></tr>
<tr><td>12</td><td>70</td><td>62</td><td>64</td></tr>
<tr><td>13</td><td>72</td><td>64</td><td>66</td></tr>
<tr><td>14</td><td>74</td><td>66</td><td>68</td></tr>
<tr><td>15</td><td>76</td><td>68</td><td>70</td></tr>
<tr><td>16</td><td>78</td><td rowspan="5">3.2</td><td>70</td><td>72</td></tr>
<tr><td>17</td><td>80</td><td>72</td><td>74</td></tr>
<tr><td>18</td><td>83</td><td>74</td><td>76</td></tr>
<tr><td>19</td><td>86</td><td>76</td><td>78</td></tr>
<tr><td>20</td><td>89</td><td>78</td><td>80</td></tr>
</table>

실습 일지

<table>
<tr><td>실습 일자</td><td>년 월 일</td><td>실습실</td><td></td></tr>
<tr><td>실습 준비물</td><td colspan="3">실습동물 또는 모형
방사선 촬영기기 또는 모형, 방사선 촬영자
방사선 보호 장비(납가운, 고글, 납장갑, 갑상선 보호대 등)</td></tr>
<tr><td>실습 내용</td><td colspan="3">1) 복부 조건을 먼저 설정한다.
① kVp를 먼저 결정한다.
(복부 촬영 두께가 5cm라면)
5(cm) x 2 + 40 = 50kVp(Santes' rule)
② mAs는 5~10mAs 사이에 촬영하며 영상이 가장 좋은 조건으로 결정

2) 흉부 조건은 복부 mAs의 ½, kVp는 15% 가량 증가

3) 근골격계 조건은 복부 mAs의 두 배 가량, kVp는 감소

4) 1cm 마다 2kVp 증감, 80 kVp부터는 3kVp 증감

5) 직접 촬영하면서, 계속적으로 수정한다.</td></tr>
</table>

3 방사선 영상진단의 기본 개념 이해하기

방사선 영상진단의 기본 개념은 정상 신체의 방사선 영상과 질환이 있는 동물환자의 방사선 영상을 비교/대조해서 무엇이 다른지 그로 인해 예상되는 질환은 무엇인지를 찾아내는 것이다.

✔ 틀린그림찾기

- 2개 이상의 그림을 비교하면서 무엇이 다른지를 찾아내는 놀이

Find 10 differences.

실습 일지

<table>
<tr><td>실습 일자</td><td>년　　월　　일</td><td>실습실</td><td></td></tr>
<tr><td>실습 준비물</td><td colspan="3">틀린그림찾기 도안
방사선 정상 해부학 영상과 동물환자의 영상</td></tr>
<tr><td>실습 내용</td><td colspan="3">1) 틀린그림찾기 도안으로 무엇이 서로 다른지 찾아봅시다.

2) 방사선 정상 해부학 영상과 질병이 있는 환자의 영상을 보면서 어떻게 다른지 찾아보고 영상진단 개념을 이해하고 설명해 봅시다.

3) 수의사가 영상진단을 할 때 작은 병변을 놓치지 않도록, 양질의 영상을 얻기 위해서는 어떤 노력이 필요한지 의논해 봅시다.</td></tr>
</table>

실습 마무리

동물환자의 흉부방사선 사진을 보고 방사선 진단의 기본 개념을 이해하고 설명해 봅시다.

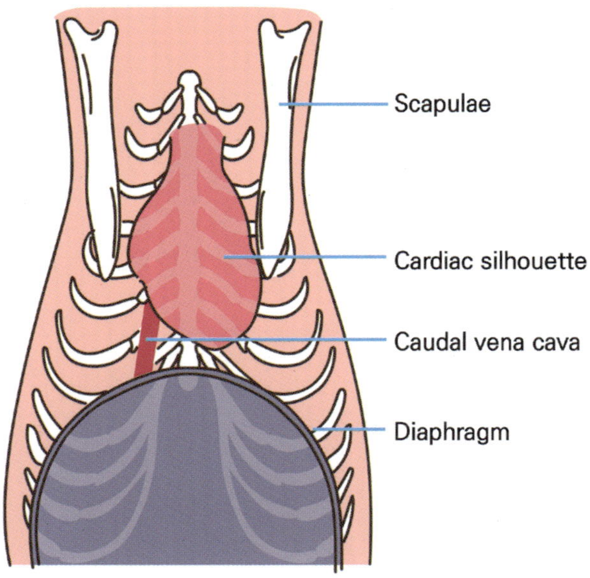

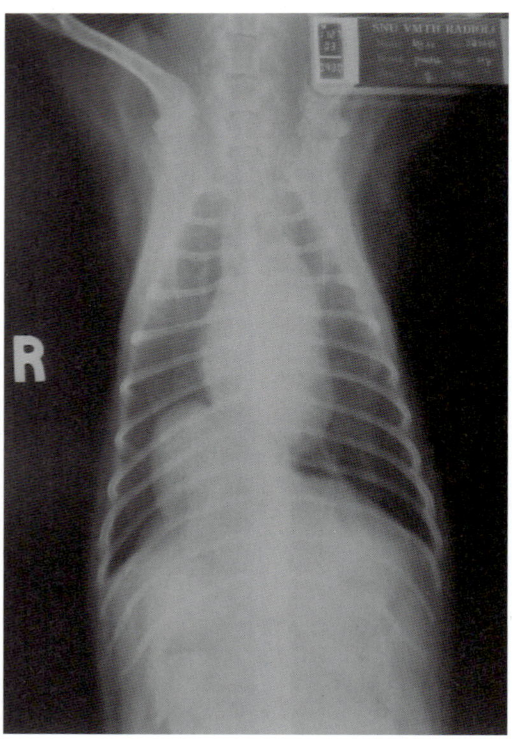

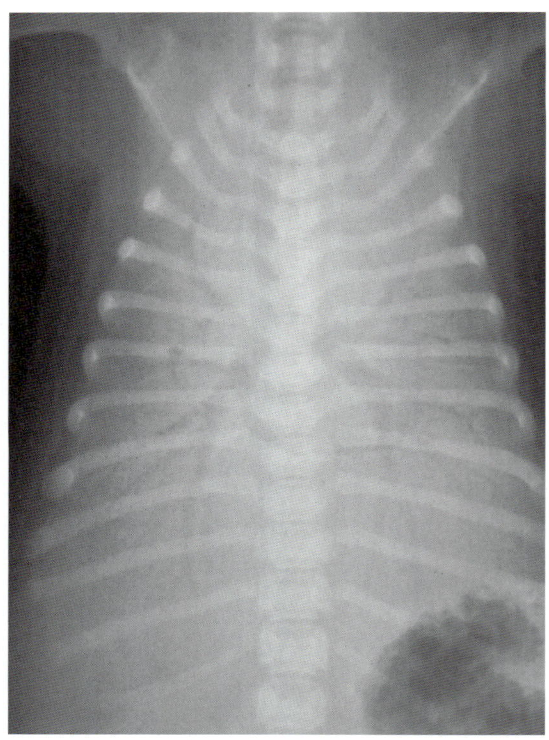

4 방사선 안전관리

알기 쉬운 동물보건영상학 실습지침서

동물의 질병의 진단과 치료에 있어 널리 사용되고 있는 방사선은 신체 또는 특정 장기에 도달하여 흡수되었을 때 위험성이 존재하므로 동물진단용 방사선 관련 종사자들은 방사선 안전수칙을 숙지하고 주의해야 한다.

✔ 방사선과 안전성

- 방사선은 신체에 도달하여 세포 손상 및 파괴, 돌연변이, 세포분열 장애 등을 일으킨다(신체의 방사선 감수성은 세포나 장기, 조직의 종류에 따라 다름).
- 신체에 정해진 방사선량 한도(역치 이상의 방사선량)를 초과하면 신체장애가 생기는데 대표적인 증상으로 혈액(조혈)장해, 백내장, 탈모 및 홍반, 불임 등이 있다.
- 동물병원의 경우 관련 종사자가 동물환자 방사선 촬영실 내에서 검사보조를 하고 있는 경우가 많아 방사선 노출 위험성이 높다.
- 따라서 방사선 관련 종사자들은 방사선 위험을 반드시 인지하고 적절한 방사선 촬영과 관련된 사항에 숙련되도록 하고 반복적인 방사선 촬영은 최소화하여야 한다.
- 또한 방사선 방어수칙을 지키고 방사선 보호장비를 착용하여 안전에 유의하도록 한다.

✔ 방사선 보호 장비

• 방사선 종사자들을 위해 가장 효과적인 개인 보호장비로는 **납 처리가 된 앞치마(납가운), 장갑, 갑상선보호대, 안경** 등이 있다.

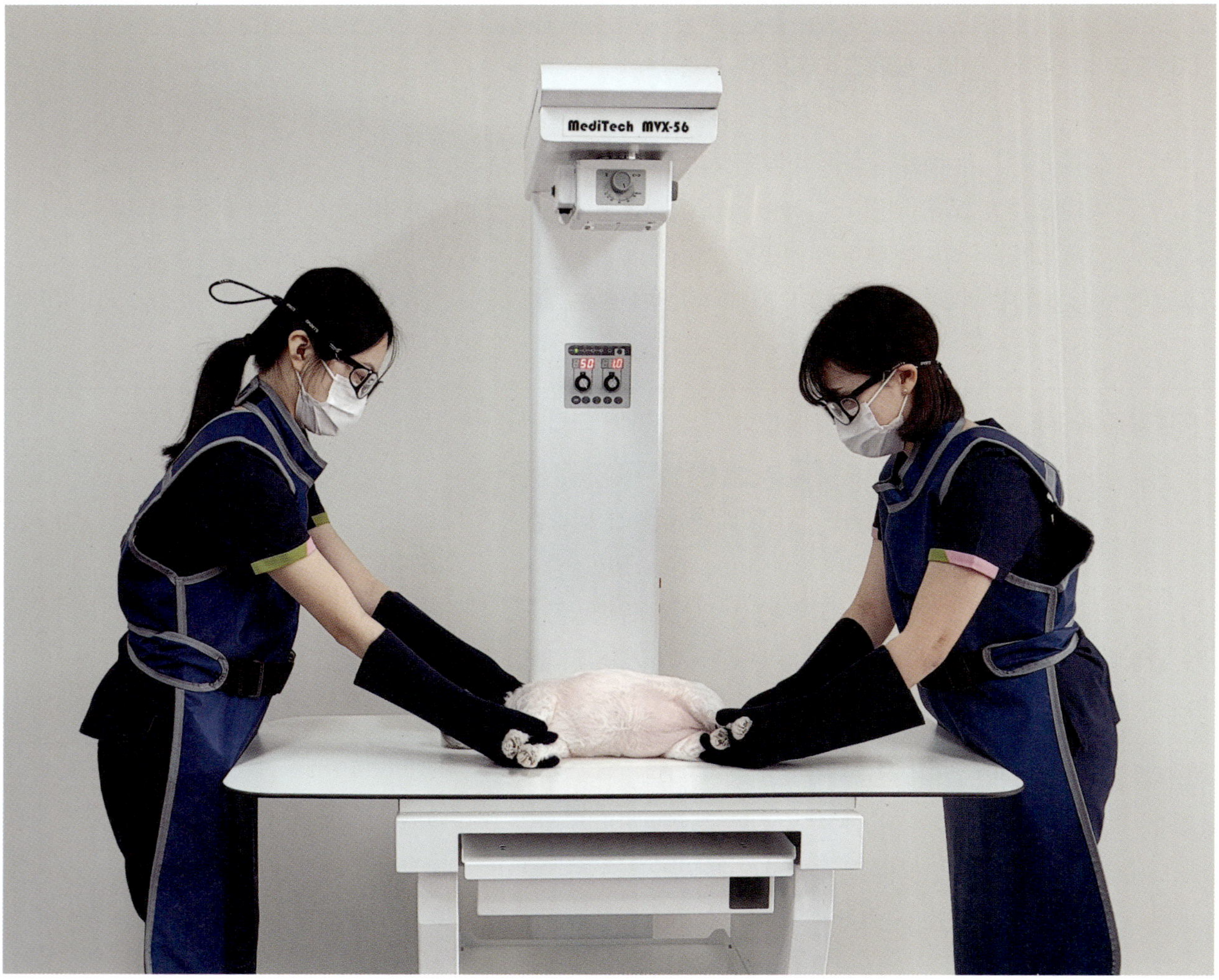

✔ 동물병원 진단 방사선 관계종사자를 위한 주의사항(10)

[농림축산검역본부 동물약품관리과; 2019년 동물진단용 방사선 안전관리 실무 편람 발췌]

1. 방사선 발생장치 사용 전

1) 신고된 방사선 관계종사자 이외에는 방사선 촬영구역 출입을 제한한다.
2) 방사선 관계종사자는 주의사항을 숙지하고 피폭 방지를 위한 주기적인 교육을 받아야 한다.
3) 동물진단용 방사선 발생장치는 반드시 신고 후 진료에 사용한다.
4) 임산부 혹은 임신 가능성이 있는 경우에는 가급적 방사선을 다루는 업무를 하지 않도록 한다.

2. 방사선 발생장치 사용 중

1) 납치마, 납장갑(방사선 차폐제장갑), 고글 등 방사선 방호도구를 반드시 갖추고 방사선 발생장치를 취급한다.
2) 촬영을 위한 동물 보정 시 납장갑을 착용하도록 하며 손이 직접 조사야 범위(일차선속)에 노출되어서는 안 된다.
3) 방사선 노출을 최소화하기 위해 작업 시간을 가능한 짧게 하고, 방사선 발생장치와의 거리를 가능한 멀리한다.

3. 방사선 발생장치 사용 후

1) 동물진단용 방사선 발생장치 사용기록부(동물의 촬영 부위 또는 촬영 명칭을 포함)를 작성하고 1년간 보존하여야 한다.
2) 방사선 방호도구는 정기적으로 손상 여부를 확인하여야 하며, 보관 방법을 준수하여 지정된 장소에 보관하여야 한다.
3) 동물진단용 방사선 발생장치는 3년마다 지정된 검사기관에서 정기검사를 받아야 하며, 장치, 방어시설 및 관계종사자 변경 시 반드시 관할 지자체에 신고한다.

실습 일지

실습 일자	년 월 일	실습실	
실습 준비물	실습동물 또는 모형 방사선 촬영기기 또는 모형 방사선 보호 장비(납가운, 고글, 납장갑, 갑상선 보호대 등)		
실습 내용	1) 방사선 보호 장비 중 납가운의 올바른 착용법을 숙지하고 착용해 봅시다. 2) 방사선 보호 장비인 갑상선 보호대와 납장갑의 올바른 사용법에 대해 숙지하고 착용해 봅시다. 3) 눈에 대한 방사선 영향을 이해하고 방사선 차폐 안경을 착용해 봅시다. 4) 방사선 보호장비를 사용하고 난 후 바르게 정리하는 법을 익히고 정리해 봅시다.		

5 동물환자 촬영 자세 관련 용어

알기 쉬운 동물보건영상학 실습지침서

✔ 몸의 방향, 위치를 표현하는 용어

Cranial	머리쪽, 앞쪽	Caudal	꼬리쪽, 뒤쪽
Rostral	주둥이쪽		
Ventral	배쪽	Dorsal	등쪽
Medial	안쪽	Lateral	바깥쪽
Central	중앙		
Internal	속	External	겉

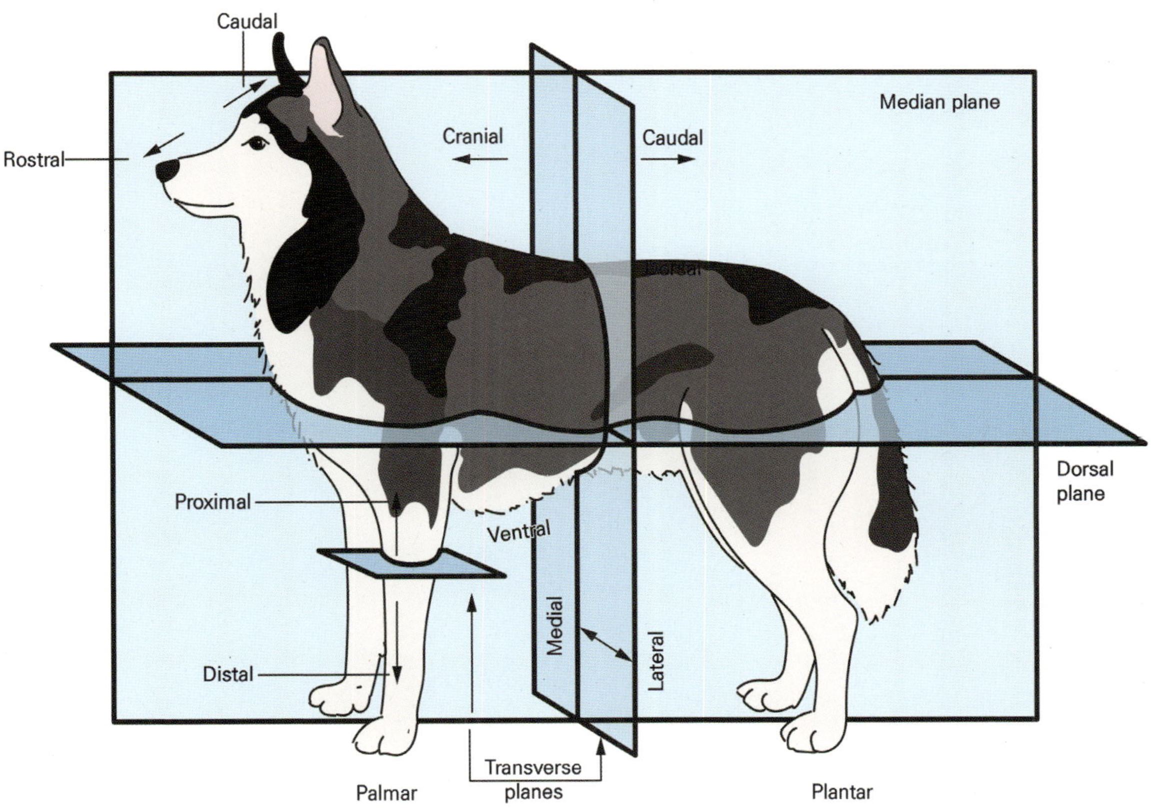

✔ 동물환자 자세잡기 용어의 규칙

- 촬영 자세는 방사선이 몸에 먼저 닿는, 몸에 들어가는 부분에서 빠져나가는 방향으로 명명한다.
- 대부분의 영상은 방향을 나타내는 단어의 조합이 필요하다.
  - 영어 조합의 중간은 'o'로 이을 수 있다.

예) DV(배복상) : dorsoventral(방사선이 몸의 등쪽으로 들어가서 배쪽으로 빠져나감)

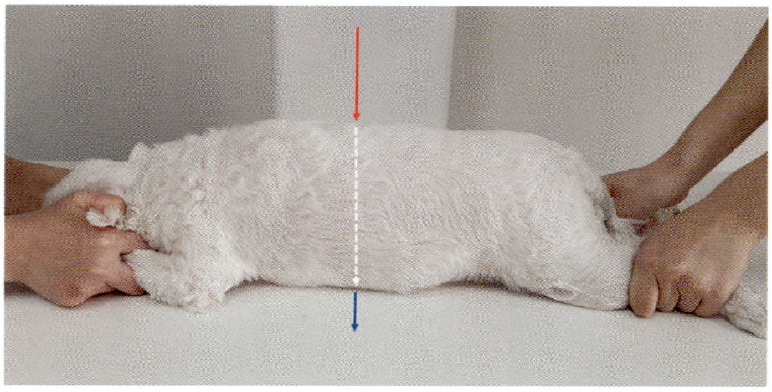

예) VD(복배상): ventrodorsal(방사선이 몸의 배쪽으로 들어가서 등쪽으로 빠져나감)

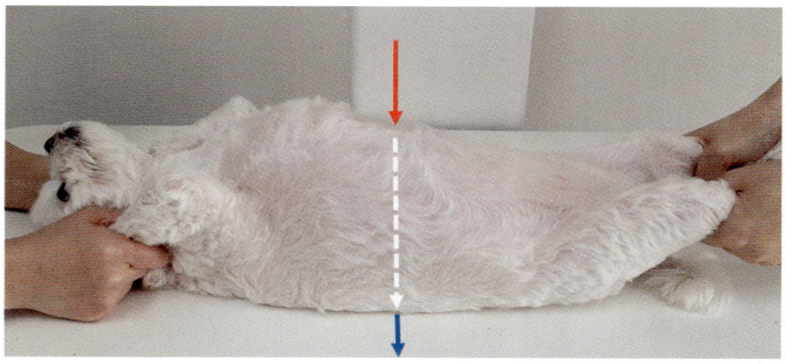

- Recumbency(드러누움, 횡와위) : 테이블에 닿이는 쪽

예) Dorsal recumbency(등쪽 횡와위)

예) Ventral recumbency(배쪽 횡와위)

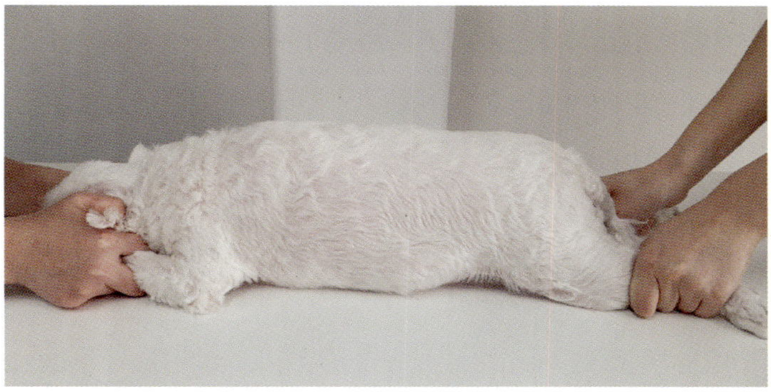

예) Lateral recumbency(외측 횡와위)

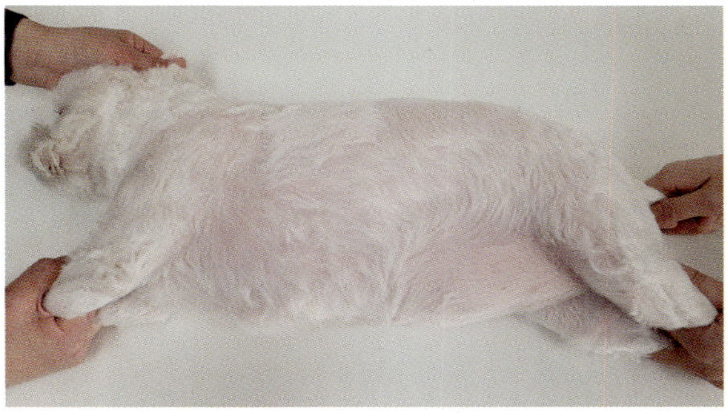

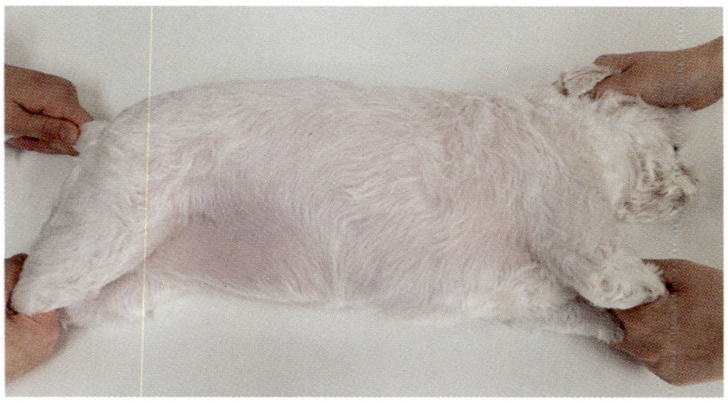

- Lateral recumbency(외측 횡와위)
  - 바닥에 닿이는 면, 방사선의 출구 쪽을 표기한다.
  - 왼쪽(Left, Lt.), 오른쪽(Right, Rt.)
- 왼쪽, 오른쪽은 제일 앞에 붙인다.
- 내측(Medial), 외측(Lateral)은 뒤에 붙인다(예; Dorsomedial).
- 머리, 목, 몸통, 꼬리 등에서 Rostral, Cranial, Caudal은 앞에 붙인다(예; Caudoventral).

실습 방법

오른쪽 앞다리굽이관절의 내외측상(Mediolateral view) 촬영

① 방사선 보호장비를 착용한다.

② 동물환자의 오른쪽 외측면이 검사대 바닥에 닿도록 한다(Lateral recumbency).

③ 방사선이 오른쪽 앞다리굽이관절의 내측에 닿아서 신체를 투과한 후 외측면에서 빠져나온다.

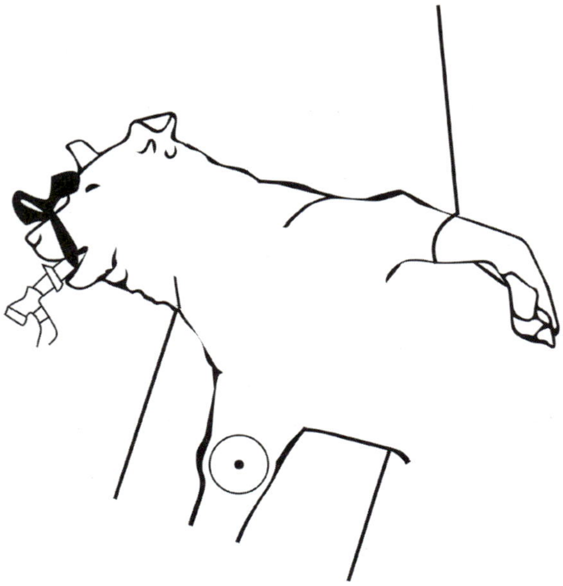

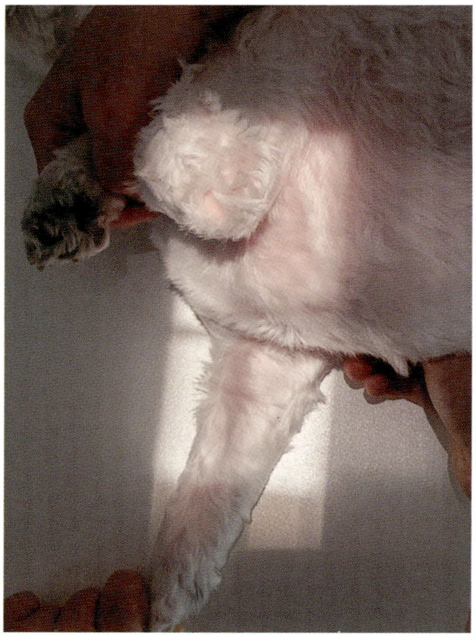

오른쪽 앞다리굽이관절의 전후상(Craniocaudal view) 촬영

① 방사선 보호장비를 착용한다.

② 동물환자의 배쪽이 검사대 바닥에 닿도록 한다(Ventral recumbency).

③ 방사선이 오른쪽 앞다리굽이관절의 앞쪽이 닿아서 신체를 투과한 후 뒤쪽면에서 빠져나온다.

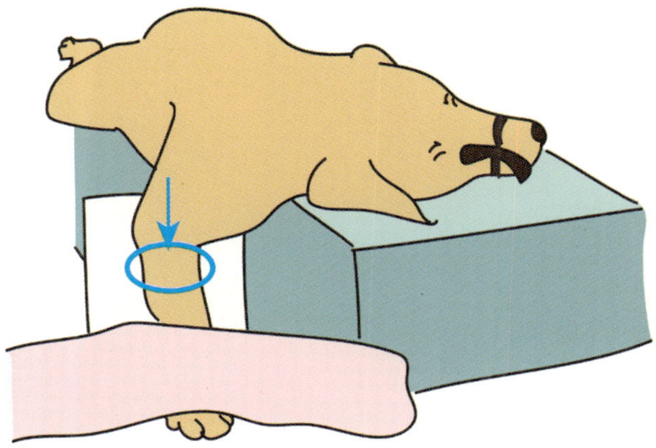

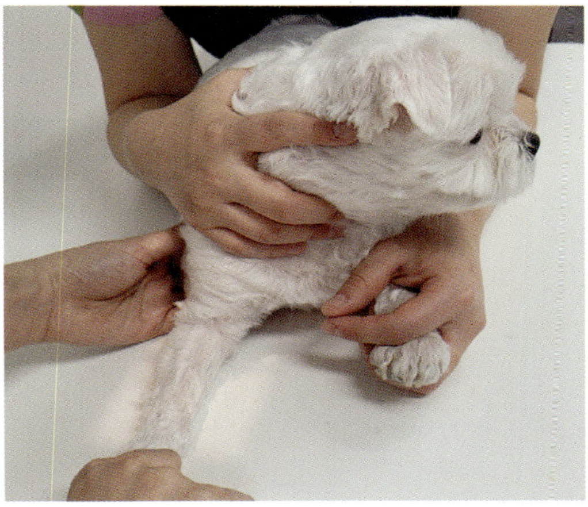

실습 일지

<table>
<tr><td>실습 일자</td><td>년 월 일</td><td>실습실</td><td></td></tr>
<tr><td>실습 준비물</td><td colspan="3">실습동물 또는 모형
방사선 촬영기기 또는 모형
방사선 보호 장비(납가운, 고글, 납장갑, 갑상선 보호대 등)</td></tr>
<tr><td>실습 내용</td><td colspan="3">1) 흉부 촬영에서 외측상(Lateral view), 복배상(VD view)을 실습해 봅시다.

2) 복부 촬영에서 외측상(Lateral view), 배복상(DV view)을 실습해 봅시다.

3) 골반뼈의 복배상(VD view)을 실습해 봅시다.</td></tr>
</table>

실습 마무리

영상판독을 위한 영상을 준비하는 방법에 대해 알아보고 설명해 봅시다.

- 수의사가 항상 일관성 있는 자세의 사진을 판독할 수 있도록 영상을 준비한다.
- 외측상(Lateral view)
  - 왼쪽에 머리가 위치하도록 영상을 준비한다.
- 배복상(DV view)/복배상(VD view)
  - 머리 쪽이 위로, 동물환자의 왼쪽이 수의사의 오른쪽에 위치하게끔 영상을 준비한다.
  - 배를 바라보는 모습으로, 악수하는 포지션으로 영상을 준비한다.
- 다리 : 외내측(LM)상/내외측(ML)상, 사위상(Oblique)
  - 근위부(Proximal region)가 위로 가게끔 영상을 준비한다.
  - 앞쪽(Cranial), 등쪽(Dorsal)이 판독하는 수의사의 왼쪽에 가게끔 영상을 준비한다.

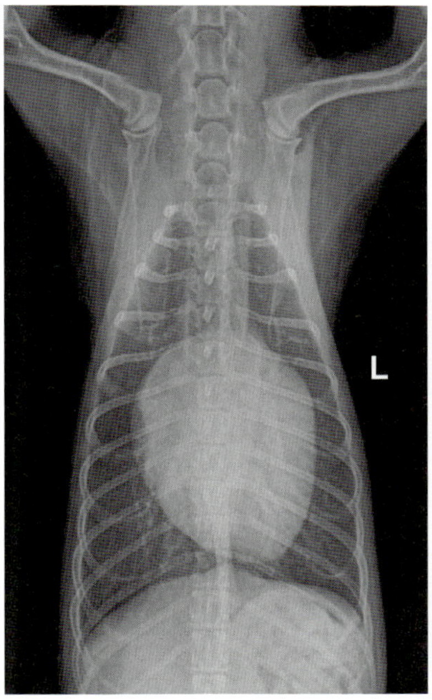

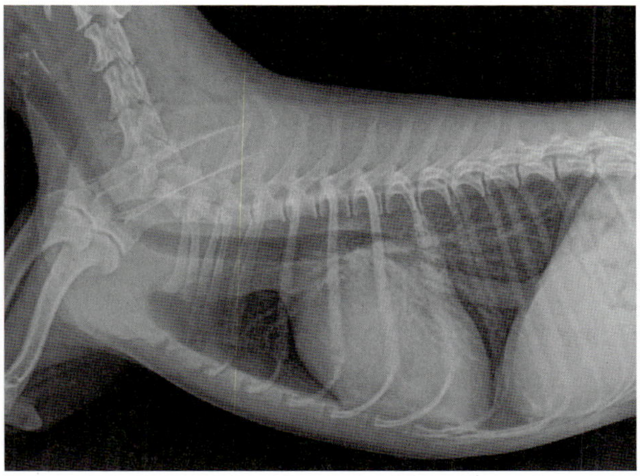

6 방사선검사의 영상처리

방사선 검사를 통해 획득한 영상은 아날로그영상과 디지털영상으로 구분할 수 있다. 일반적으로 필름(Film) 영상으로 처리되는 아날로그영상 처리에 비해 최근에는 편리함과 신속성의 장점을 갖고 있는 디지털영상으로 바뀌고 있는 추세이다.

1) 아날로그(Analog) 영상

- 필름(Film)으로 표현되는 아날로그 영상은 동물환자를 방사선 촬영을 통해 검사하고자 할 때 관전압, 관전류, 방사선 조사시간(Seconds), 카세트(Cassette) 내부에 있는 증감지(Screen)를 통해 필름을 얼마나 감광시킬 것인지, 감광된 필름을 화학적 방법을 통해(필름 현상 과정) 얼마나 효과적으로 시각적으로 표현하는지 등의 과정이 아날로그 영상을 만들어내는 과정에 속한다.

- X-ray film processing(방사선 필름 처리과정)
  - 현상 과정은 수동이나 자동으로 이루어진다.

현상 → 헹굼 → 고정 → 헹굼 → 건조

✔ 수동현상

수동으로 처리하는 세 개의 수조가 필요하다.

① 현상(Develope)
- 잠상을 눈에 보이는 영상으로 변환시키는 과정
- 감광된 할로겐화 은이 검은 금속성 은으로 변환시킨다.
- 현상액의 온도는 현상 시간에 영향을 준다.

② 헹굼(Wash) : 현상 과정을 거친 필름에는 상당한 양의 현상액이 남아있는데 이것을 씻어내는 과정. 현상과정 후 바로 고정액을 만나면 알칼리성 현상액이 산성인 고정액을 중화시킨다.

③ 고정액(Fix)

- 필름으로부터 노출되지 않은 활로겐화 은을 제거하는 과정
- 영상을 지지체에 단단히 고정시킨다.

④ 헹굼

- 필름에 남아있는 모든 여분의 화학 물질을 제거하는 과정
- 세척이 안되면 영상을 색이 바래고 희미해진다.

⑤ 건조

- 현상 과정의 마무리 단계로 헹굼 후 바로 건조 과정으로 이어져야 한다.

✔ 자동현상

- 자동현상기를 이용하여 필름 현상과 고정과정을 거친다.
- 필름 현상과정이 표준화되고 일관성있으며 영상 생산 속도가 수동현상과정에 비해 빨라 작업시간이 감소한다. 필름은 자동현상기 내 롤러를 통해 이동하므로 롤러에 손상이 생기면 허상(Artifacts)이 많이 발생한다.

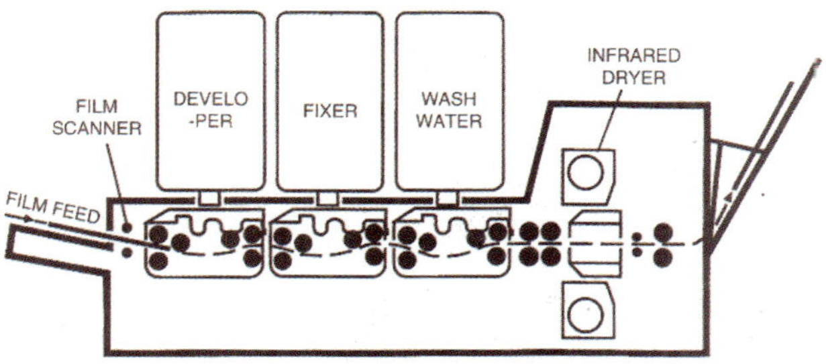

① 현상시약을 확인한 후 자동현상기를 예열(Warm up) 시킨다.
② 필름이 서로 붙는 것을 방지하기 위해 한 번에 한 장씩 현상해야 한다.
③ 다음 필름 과정의 시작이 가능하면 신호가 나타난다.

※ 방사선 필름 현상실(X-ray film processing room)은 최소한의 빛만을 사용하며(암실로 조성) 안전등을 사용하며 필름에 영향을 주지 않아야 한다.

- 필름 정리 및 보관
  - 추후 검색이 용이하기 위해 체계적인 라벨링, 적절한 필름 정리대와 파일을 이용, 보관이 용이한 공간이 필요하다(온도 20°, 습도 60%).

2) 디지털(Digital) 영상

- 촬영 즉시 이미지를 평가할 수 있는 디지털 영상은 모니터(Monitor)로 영상이 표현된다.
- 디지털은 0과 1이라는 2진 펄스형태의 신호체계로 단속적이고 계수적인 신호를 이용해 영상데이터를 화면에 나타내며 영상을 파일로 저장하는 방법을 표준화하여 DICOM(Digital imaging and communcation in medicine)으로 사용되고 있다.
- 디지털 영상은 촬영 시 노출 조건이 적절하지 않아도 이를 보정할 수 있고, 검사자가 원하는 바에 따라 영상을 가공하여 전체 영상의 질을 향상시킬 수 있다. 또한 필름의 현상과정으로 인한 환경오염을 줄일 수 있고 보관에 따르는 비용을 절감할 수 있다.
- PACS(Picure archving communication system)
  - 디지털 의료 영상 저장 및 전송 시스템으로 촬영한 영상을 디지털 상태로 변환시켜 통신망으로 전송해 저장장치에 저장한 후 각 진료실에서 원하는 영상정보와 관련 내용을 읽어 들여 검색하는 영상저장·전송·검색 시스템이다.

실습 방법

① 촬영한 방사선 카세트를 들고 암실로 들어간다.

② 카세트를 열고 방사선 필름을 꺼낸다.

③ 현상액이 든 첫 번째 수조에 필름을 넣고(현상액이 손에 닿지 않도록 필름 집게를 사용) 현상한다(현상 4분).

④ 필름을 수조에서 꺼내 물이 들어있는 수조에 넣고 필름에 묻은 현상액을 헹군다(헹굼 15~30초).

⑤ 고정액이 들어있는 2번째 수조에 필름을 넣고 필름을 고정시킨다(고정 8분).

⑥ 필름을 수조에서 꺼내 깨끗한 물이 들어있는 수조에 넣고 필름에 남아있는 화학물질을 헹궈낸다(헹굼 12분).

⑦ 필름을 수세한 후 바로 필름을 건조시킨다.

※ 필름 현상 전 현상 시약 상태를 점검해야 한다(여러 번 사용하거나 오래된 화학약품은 저품질 영상의 주 원인이 되므로 통상적으로 4~6주 간격으로 현상 시약의 교체가 필요하다).

실습 일지

실습 일자	년 월 일	실습실	
실습 준비물	수동현상 : 수조 3개, 현상액, 고정액, 물, 드라이기, 카세트에 든 방사선 필름, 필름 집게 의료용 차트(Medical chart)		
실습 내용	1) 방사선 촬영 후 필름(Film)을 처리 과정을 이해하고 수동현상하는 과정을 실습해 봅시다. 2) 방사선 영상 처리 방식에 있어서 아날로그 방식과 디지털 방식의 차이를 숙지하고 장단점을 설명해 봅시다.		

PART 02

검사 부위에 따른 방사선검사 보조

1 흉부 방사선검사

알기 쉬운 동물보건영상학 실습지침서

흉부 방사선검사(Thoracic radiography)는 동물병원 내에서 가장 많이 실시되는 영상진단 검사 중의 하나로 호흡기 질환이 의심되거나 심장질환 환자, 마취 전 검사, 종양의 전이 여부 확인, 노령동물 환자의 건강검진 등의 이유로 흉부 방사선검사가 지시된다.

✔ 흉부 방사선 촬영을 위한 동물환자 준비

- 몸 표면이 청결한지 확인하고, 젖은 털이 있으면 영상에 허상(Artifact)이 생기지 않도록 잘 말린다.
- 넥칼라(Neck collar)나 목줄이 있으면 촬영 전 제거한다.

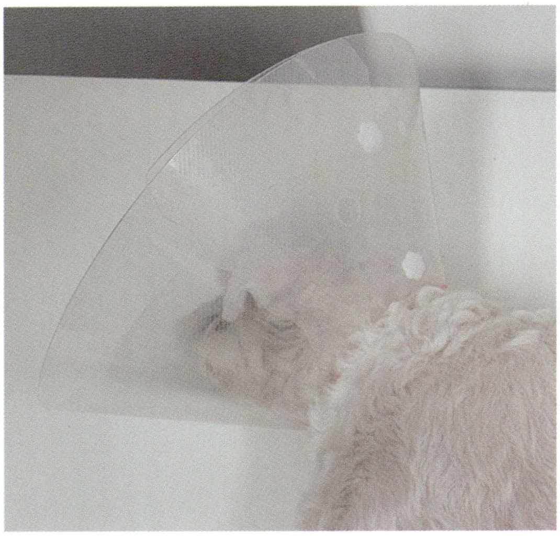

• 촬영 두께를 측정할 때는 어깨뼈 뒤쪽 가장자리를 측정한다.

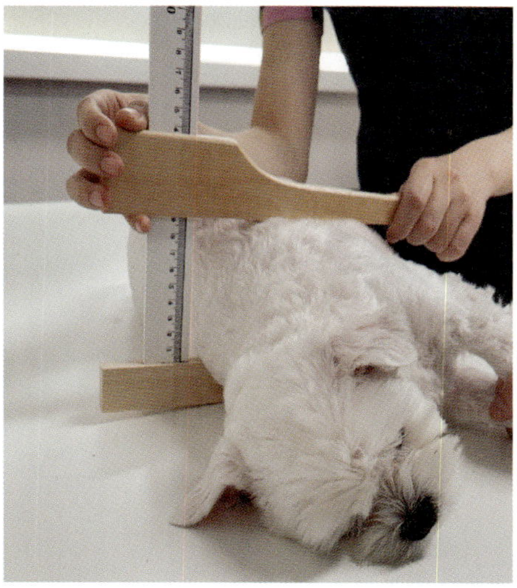

✔ 흉부 촬영 준비

• 기본 자세 : 90° 각도를 이루는 2장의 사진이 필요
외측상(Lateral view)과 복배/배복상(VD/DV view)

• 최대 흡기에 촬영

• 중심선(Beam center) : 어깨뼈(Scapula) 뒤쪽 가장자리(Caudal border)

• 촬영 범위 : 인후두(Pharynx) ~ 횡격막(Diaphragm)

• 흉부는 대비도가 뛰어난 부위 → 높은 kVp와 낮은 mAs로 촬영하는 것이 좋다.

• mAs가 결정되면 가능한 가장 높은 mA와 가장 짧은 노출 시간(s)을 사용하여 호흡에 따른 사진의 흔들림(Artifact)을 최소화하는 것이 좋다.

✔ 오른쪽 외측상(Rt. lateral view) 촬영

촬영 자세 (Positioning)	영상 평가 (Imaging evaluation)
• 머리 : 자연스럽세, 숨쉬기 편하게 • 앞다리 : 앞으로 살짝 당기기, 다리 사이 간격을 유지 • 뒷다리 : 뒤로 살짝 당기기, 다리 사이 간격을 유지	• 흉골 : 흉추와 평행하게, 흉부가 돌아가지 않도록 • 양쪽 늑골이 평행 또는 겹치도록

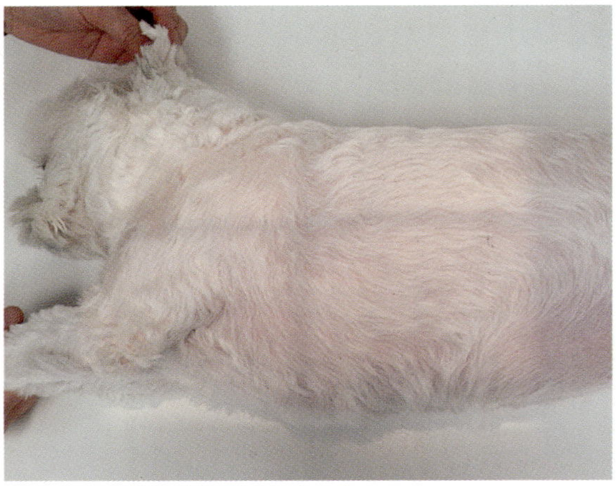

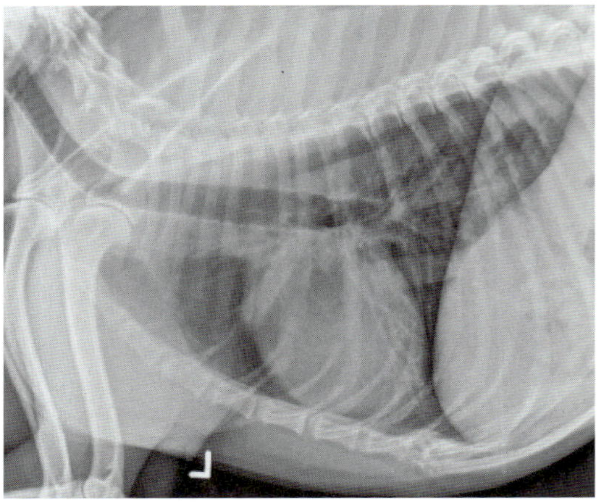

✔ 복배상 촬영(VD view)

촬영 자세 (Positioning)	영상 평가 (Imaging evaluation)
• 머리 : 숨쉬기 편하게, 부드럽게 앞으로 당기기, 머리와 코가 검사대와 평행하게 • 앞다리 : 앞다리 근육과 폐 전엽이 겹치지 않게 가능한 앞쪽으로 당기기 • 뒷다리 : 뒤로 당기기	• 흉골 : 흉추와 겹치도록, 흉부가 좌우로 돌아가지 않도록 • 양쪽 늑골이 대칭이 되도록

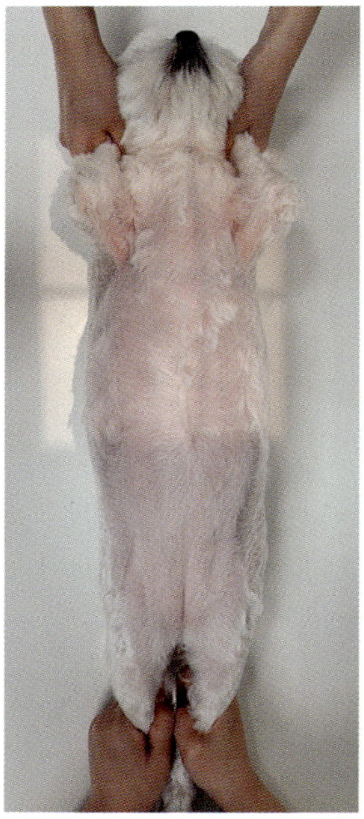

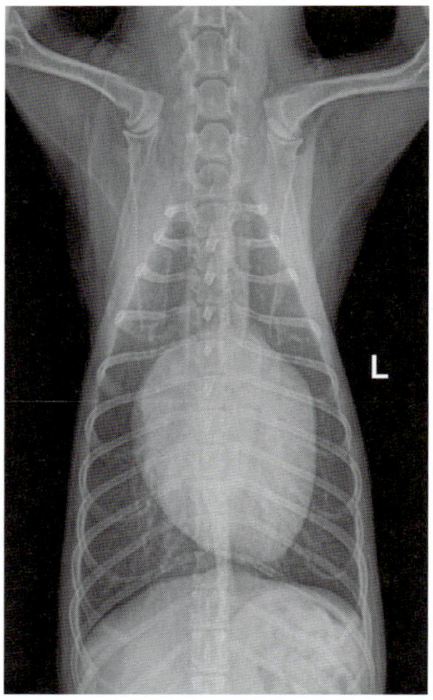

실습 방법

오른쪽 외측상(Rt. lateral view) 촬영

① 방사선 보호장비를 착용한다.

② 동물환자의 오른쪽 외측면이 방사선 검사대 바닥에 닿도록 한다.

③ 실습생1 : 한 손으로 동물환자의 머리를 잡고(머리가 너무 꺾이거나 숙이지 않도록 주의) 다른 한 손은 앞다리를 잡아 앞으로 살짝 당긴다(앞다리의 연부조직이 폐 전엽을 가리지 않도록 앞다리를 앞으로 당겨준다).

④ 실습생2 : 한 손으로 동물환자의 꼬리를 잡고 다른 한 손은 뒷다리를 잡아 뒤로 살짝 당긴다. 다리 사이 간격을 일정하게 유지해서 흉부가 돌아가지 않도록 주의한다.

⑤ 동물 환자의 인후두에서 횡격막까지 흉부 영상을 획득할 수 있도록 방사선 노출 범위(Collimation)를 조절한다.

⑥ 방사선 촬영 시 중심선(Beam center)을 어깨뼈 뒤쪽 가장자리에 맞춰 동물 환자의 최대 흡기에 흉부 방사선을 촬영한다.

⑦ 촬영이 끝나면 방사선 보호장비를 벗어서 잘 정리한다.

복배상(Ventrodorsal view) 촬영

① 방사선 보호장비를 착용한다.

② 동물환자의 등쪽 면이 방사선 검사대 바닥에 닿도록 눕힌다.

③ 실습생1 : 오른손으로 동물환자의 오른쪽 앞다리를 왼손으로 동물환자의 왼쪽 앞다리를 잡고 앞으로 살짝 당긴다. 동물환자의 머리와 코는 방사선 검사대와 평행하게 놓고 좌/우로 머리가 돌아가지 않도록 한다.

④ 실습생2 : 오른손으로 동물환자의 왼쪽 뒷다리를 왼손으로 동물환자의 오른쪽 뒷다리를 잡고 뒤로 살짝 당긴다. 흉부가 좌/우로 돌아가지 않도록 동물환자의 좌우가 대칭이 되도록 주의한다(머리-목-척추가 일직선 상에 놓이도록 한다).

⑤ 동물 환자의 인후두에서 횡격막까지 흉부 영상을 획득할 수 있도록 방사선 노출 범위(Collimation)를 조절한다.

⑥ 방사선 촬영 시 중심선(Beam center)을 어깨뼈 뒤쪽 가장자리에 맞춰 동물 환자의 최대 흡기에 흉부 방사선을 촬영한다.

⑦ 촬영 후 방사선 보호장비를 벗어서 잘 정리한다.

실습 일지

실습 일자	년 월 일	실습실	
실습 준비물	실습동물 또는 모형 방사선 촬영기기 또는 모형 방사선 보호 장비(납가운, 고글, 납장갑, 갑상선 보호대 등)		
실습 내용	1) 방사선 촬영 자세는 외측상(Lateral view), 복배상(VD view)/배복상(DV view)을 실습해 봅시다. 2) 실습한 검사에서 X-선 중심선(Beam center)은 어디인지, 촬영 영역은 어떻게 되는지 적어 봅시다. 3) 양질의 흉부 방사선 영상을 획득하기 위해 촬영 시 주의사항을 적어 봅시다.		

실습 마무리

✚ 다음 그림을 보고 흡기와 호기에 따라 흉부 방사선 영상이 어떤 차이를 보이는지 설명하고, 양질의 영상을 획득하기 위해 어떻게 검사를 진행해야 하는지 설명해 봅시다.

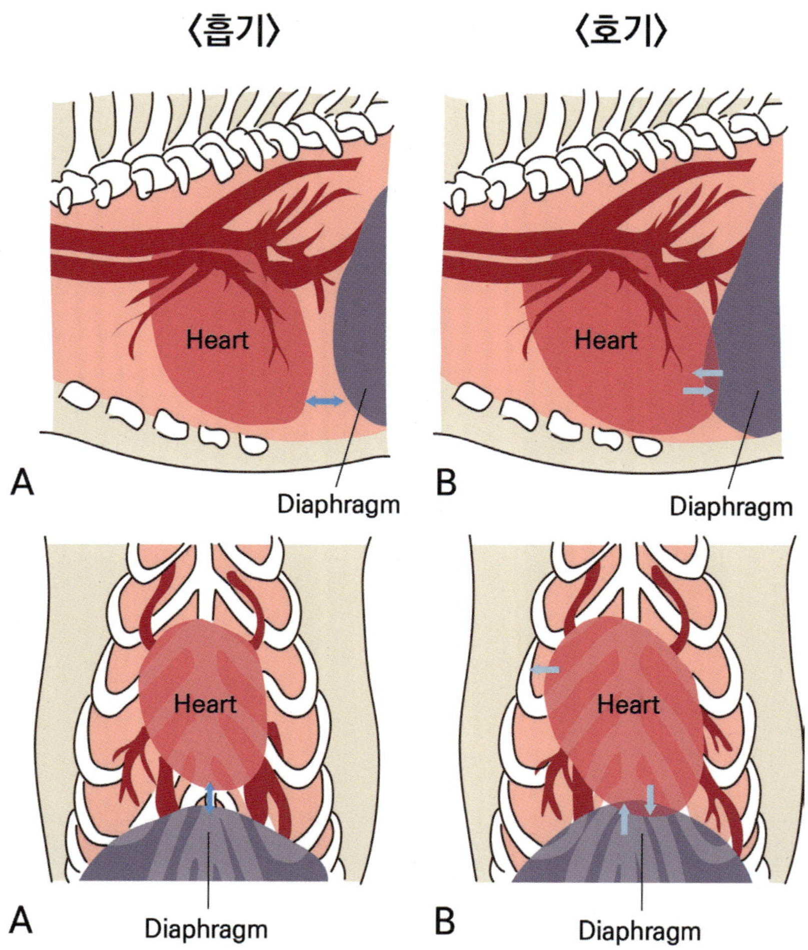

2 복부 방사선검사

복부 방사선검사(Abdominal radiography)는 동물병원 내에서 흔히 실시되는 영상진단 검사 중의 하나로 비슷한 밀도의 복강 장기들이 존재하므로 대조도(Contrast)를 최대화하여 미묘한 밀도 차이를 잘 확인할 수 있게 촬영해야 한다.

✔ 복부 방사선 촬영을 위한 동물환자 준비

- 임상증상으로 인해 복부 털이 오물에 젖거나 털이 뭉치면 영상에 허상(Artifact)이 생기므로 털을 잘 말리거나 뭉친 털을 제거한다.
- 필요한 경우 동물환자에게 금식이나 관장이 추천될 수 있다.
- 촬영을 위한 두께 측정은 13번째 갈비뼈 부위를 측정한다.

✔ 복부 촬영 준비

- 기본 자세 : 90° 각도를 이루는 2장의 사진이 필요
외측상(Lateral view)과 복배상(VD view)
- 최대 호기에 촬영
- 중심선(Beam center) : 13번째 갈비뼈 가장자리
- 촬영 범위 : 횡격막(Diaphragm) ~ 항문(Anus)까지
- 복강 내 장기들은 밀도 차이가 크지 않으므로 → 높은 kVp와 낮은 mAs로 촬영하는 것이 좋다.
- 상복부와 하복부의 두께 차이가 큰 동물환자의 경우(예; Deep chest dog) 두꺼운 부위가 방사선 발생장치의 양극(Cathode) 쪽으로 위치하도록 자세잡고 촬영하는 것이 좋다(Heel effect).
- mAs가 결정되면 가능한 가장 높은 mA와 가장 짧은 노출 시간(s)을 사용하여 동물 움직임이 따른 사진의 흔들림(Artifact)을 최소화하는 것이 좋다.

✔ 오른쪽 외측상(Rt. lateral view) 촬영

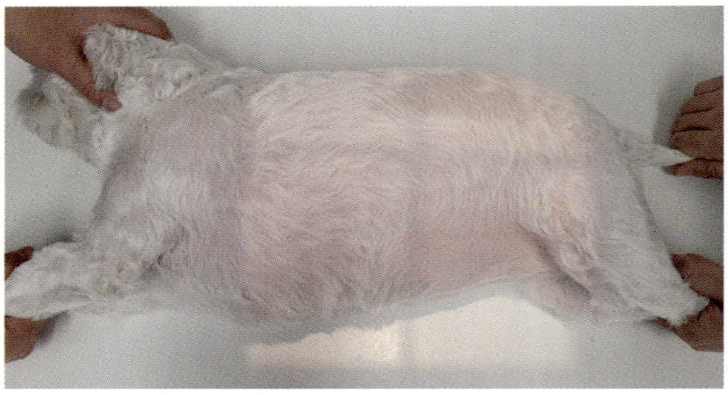

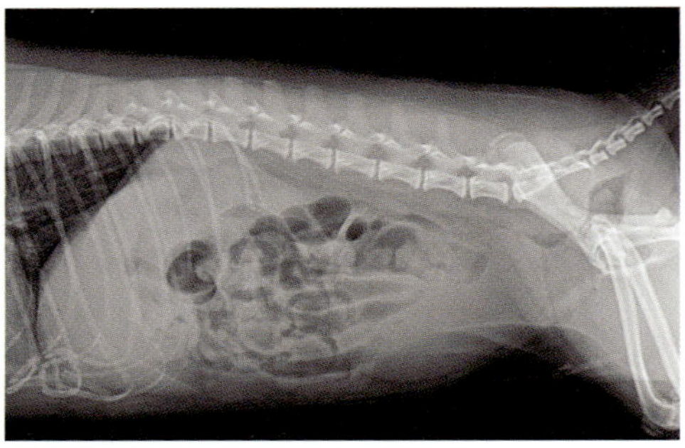

촬영 자세 (Positioning)	영상 평가 (Imaging evaluation)
• 머리 : 자연스럽게, 숨쉬기 편하게 • 앞다리 : 앞쪽으로 당기기, 다리 사이 간격 유지 • 뒷다리 : 뒤쪽으로 당기기 복부와 뒷다리의 연부조직이 겹치지 않도록, 다리 사이 간격 유지	• 흉골 : 흉추와 평행하도록 • 양쪽 늑골이 평행하거나 겹치도록 • 척추 사이 간격이 일정하도록

✔ 복배상 촬영(VD view)

촬영 자세 (Positioning)	영상 평가 (Imaging evaluation)
• 머리 : 주둥이를 당겨서 머리와 코가 검사대와 평행하게 • 앞다리 : 앞쪽으로 당겨 좌/우 몸통이 돌아가지 않도록 • 뒷다리 : 자연스럽게 개구리 자세	• 흉골 : 흉추와 겹치도록, 복부가 좌/우로 돌아가지 않도록 • 양쪽 늑골이 대칭이 되도록

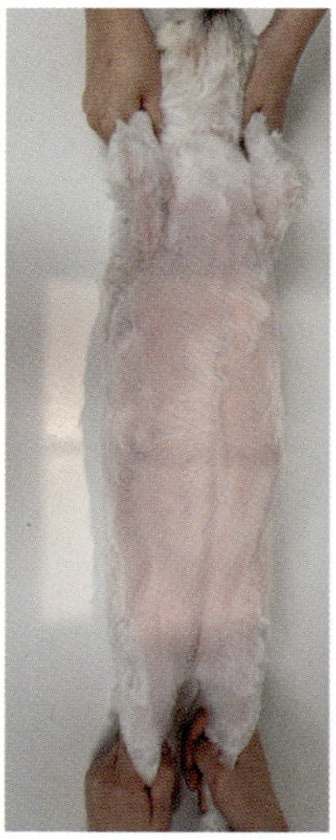

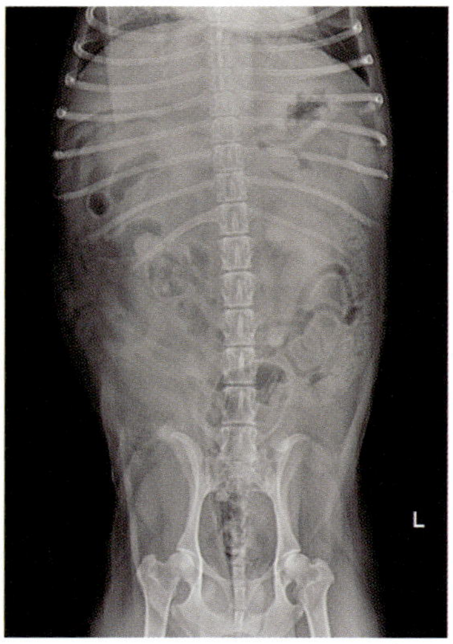

실습 방법

복부 외측상(Lateral view) 촬영

① 방사선 보호장비를 착용한다.

② 동물환자의 오른쪽 외측면이 검사대 바닥에 닿도록 한다(Lateral recumbency).

③ 실습생1 : 한 손으로 동물환자의 머리를 잡고 다른 한 손은 앞다리를 잡아 앞으로 살짝 당긴다(앞다리 사이 간격을 유지해야 몸통이 회전하지 않는다).

④ 실습생2 : 한 손으로 동물환자의 꼬리를 잡고 다른 한 손은 뒷다리를 잡아 뒤로 살짝 당긴다(뒷다리의 연부조직이 후복강 영상을 가리지 않도록 한다).

⑤ 동물 환자의 횡격막에서 항문까지 모두 영상에 포함되도록 방사선 노출 범위(Collimation)를 조절한다.

⑥ 방사선 촬영 시 중심선(Beam center)을 13번째 갈비뼈 가장자리에 맞춰 동물 환자의 최대 호기에 복부 방사선을 촬영한다(복강 용적이 최대일 때 촬영을 한다).

⑦ 촬영이 끝나면 방사선 보호장비를 벗어서 잘 정리한다.

복배상(Ventrodorsal view) 촬영

① 방사선 보호장비를 착용한다.

② 동물환자의 등쪽 면이 방사선 검사대 바닥에 닿도록 눕힌다(Dorsal recumbancy).

③ 실습생1 : 오른손으로 동물환자의 오른쪽 앞다리를 왼손으로 동물환자의 왼쪽 앞다리를 잡고 앞으로 살짝 당긴다. 동물환자의 머리와 코는 방사선 검사대와 평행하게 놓고 몸통이 좌/우로 돌아가지 않도록 한다.

④ 실습생2 : 오른손으로 동물환자의 왼쪽 뒷다리를 왼손으로 동물환자의 오른쪽 뒷다리를 잡아 자연스러운 개구리 자세로 다리를 잡는다.

⑤ 동물 환자의 횡격막에서 항문까지 영상에 포함되도록 방사선 노출 범위(Collimation)를 조절한다.

⑥ 방사선 촬영 시 중심선(Beam center)을 13번째 갈비뼈 가장자리에 맞춰 동물 환자의 최대 호기에 복부 방사선을 촬영한다.

⑦ 촬영 후 방사선 보호장비를 벗어서 잘 정리한다.

실습 일지

실습 일자	년　　월　　일	실습실	
실습 준비물	실습동물 또는 모형 방사선 촬영기기 또는 모형 방사선 보호 장비(납가운, 고글, 납장갑, 갑상선 보호대 등)		
실습 내용	1) 복부 촬영에서 외측상(Lateral view), 복배상(VD view)을 실습해 봅시다. 2) 실습한 검사에서 X-선 중심선(Beam center)은 어디인지, 촬영 범위는 어떻게 되는지 적어 봅시다. 3) 양질의 복부 방사선 영상을 획득하기 위해 촬영 시 주의사항을 적어 봅시다.		

실습 마무리

✚ 수컷 동물 환자에서 혈뇨, 배뇨곤란 등을 주증상으로 하는 요도 결석이 의심되는 경우, 추가적인 방사선 촬영이 필요할 수 있다. 다음 그림을 보고 Urethral view에 대해 설명해 봅시다.

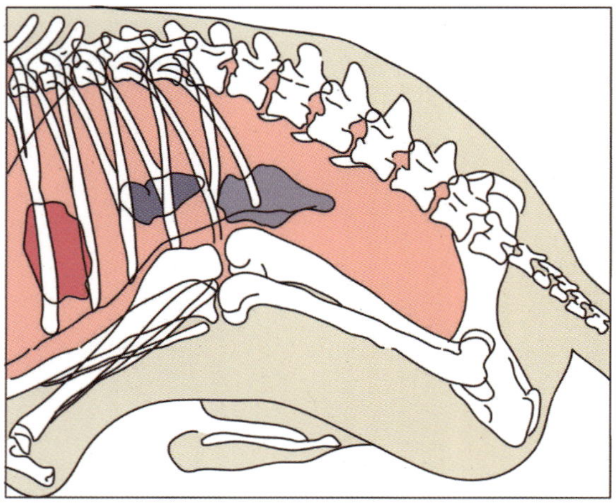

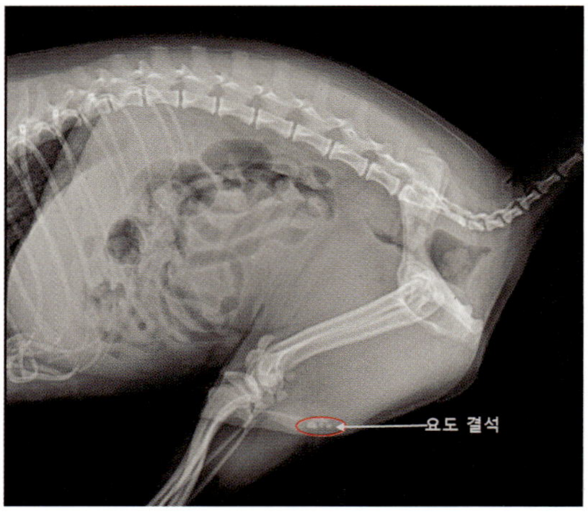

(하복부 외측상에서 요도가 뒷다리에 겹쳐 가려지는 것을 막기 위해 양쪽 뒷다리를 몸통쪽으로 잡아당겨 몸의 바깥쪽으로 요도가 노출되도록 자세를 취한다)

3 앞다리 방사선검사

알기 쉬운 동물보건영상학 실습지침서

✔ 앞다리뼈 및 관절 명칭

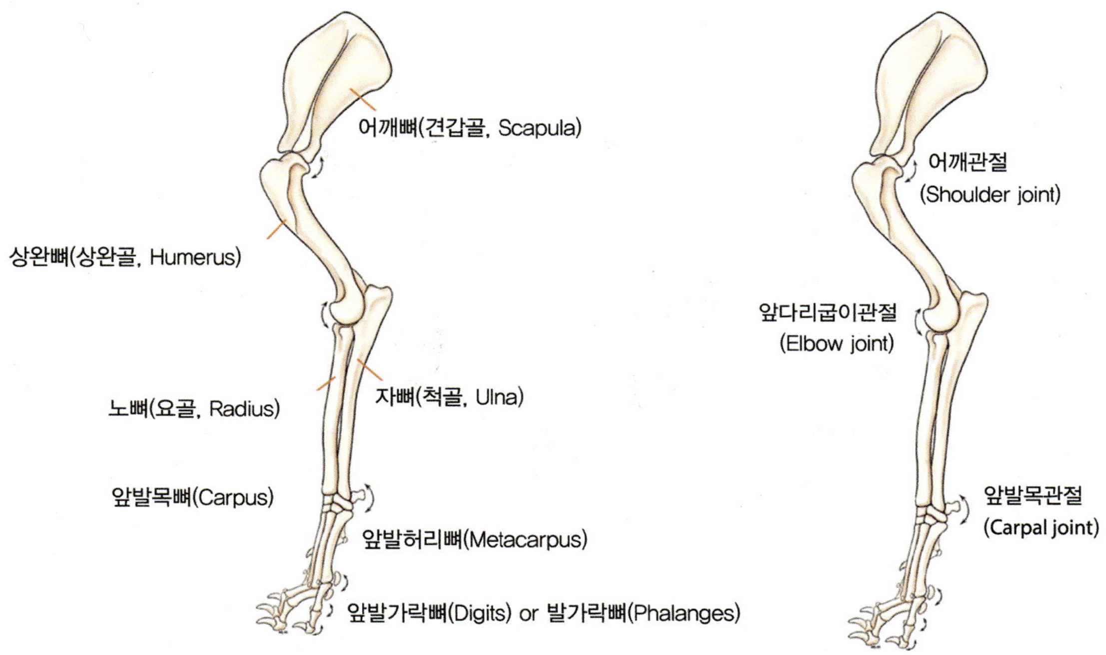

✔ 앞다리 촬영 준비

- 기본 자세 : 90° 각도를 이루는 2장의 사진이 필요
- 촬영 범위 설정
  - 뼈 : 검사하고자 하는 뼈의 근위부, 원위부 관절을 포함하여 촬영
  - 관절 : 검사하고자 하는 관절의 근위부, 원위부 뼈의 1/3을 포함하여 촬영
- 촬영하고자 하는 부위를 제외한 다른 부위는 방사선 노출이 최소한이 되도록 함
- 검사하고자 하는 부위는 가능한 한 검사대에 가깝게 위치시켜 영상의 왜곡을 최소화 함
- 반대쪽 다리도 같은 자세로 촬영하여 확인

실습 방법

오른쪽 앞다리굽이관절(Elbow joint)의 내외측상(Mediolateral view) 촬영

① 방사선 보호장비를 착용한다.

② 실습생1 : 동물환자의 오른쪽 외측면이 검사대 바닥에 닿도록 눕히고 한 손으로 머리와 왼쪽 앞다리를 잡아 검사하고자 하는 다리와 겹치지 않도록 한다. 나머지 한 손으로 뒷다리를 잡아 몸통 움직임을 최소한으로 한다.

③ 실습생2 : 오른쪽 앞다리의 움직임과 회전을 방지하기 위해, 한 손으로 오른쪽 어깨뼈 부위를 잡고, 다른 한 손으로 오른쪽 앞발목관절 부위를 잡아 앞다리를 검사대와 평행하게 위치시킨다. 또한 앞다리 굽이관절면이 검사대에 최대한 가깝게 위치시켜 영상의 왜곡을 최소화한다.

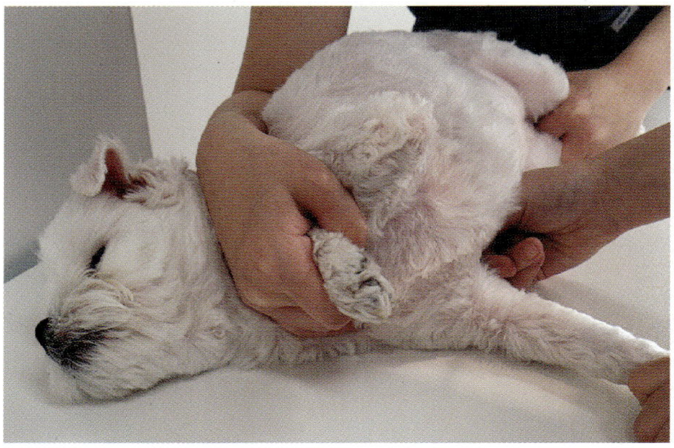

④ 방사선 촬영 시 중심선(Beam center)은 오른쪽 앞다리굽이관절의 중앙이다.

⑤ 촬영 범위는 오른쪽 앞다리굽이관절의 근위부(상완뼈), 원위부(노뼈/자뼈) 1/3 부위를 모두 포함하여 영상을 획득할 수 있도록 방사선 노출 범위(Collimation)를 조절한다.

⑥ 촬영이 끝나면 방사선 보호장비를 벗어서 잘 정리한다.

오른쪽 앞다리굽이관절(Elbow joint)의 전후상(Craniocaudal view) 촬영

① 방사선 보호장비를 착용한다.

② 동물환자의 배쪽 면이 방사선 검사대 바닥에 닿도록 엎드리게 한다.

③ 실습생1 : 한 손으로 동물환자의 머리를 잡아 검사하고자 하는 다리와 겹치지 않도록 한다. 나머지 한 손으로 왼쪽 앞다리를 잡아 움직임을 최소한으로 한다.

④ 실습생2 : 오른쪽 앞다리의 움직임과 회전을 방지하기 위해, 한 손으로 오른쪽 어깨뼈 부위를 잡고, 다른 한 손으로 오른쪽 앞발목관절 부위를 잡아 앞다리를 곧게, 검사대와 평행하게 위치시킨다. 또한 앞다리굽이관절면이 검사대에 최대한 가깝게 위치시켜 영상의 왜곡을 최소화한다.

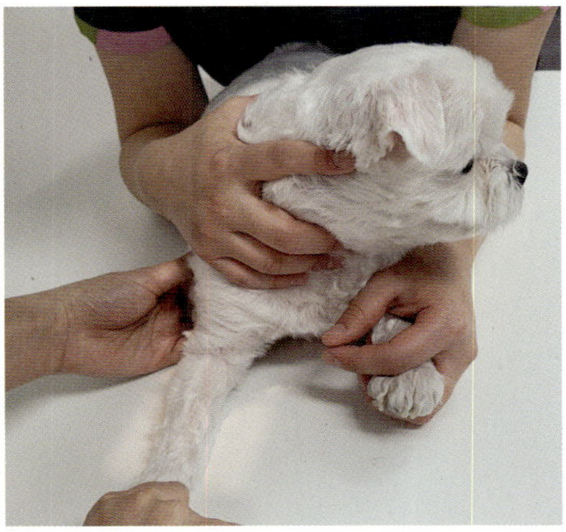

⑤ 방사선 촬영 시 중심선(Beam center)은 오른쪽 앞다리굽이관절의 몸통 중앙이다.

⑥ 촬영 범위는 오른쪽 앞다리굽이관절의 근위부(상완뼈), 원위부(노뼈/자뼈) 1/3 부위를 모두 포함하여 영상을 획득할 수 있도록 방사선 노출 범위(Collimation)를 조절한다.

⑦ 촬영이 끝나면 방사선 보호장비를 벗어서 잘 정리한다.

실습 일지

<table>
<tr><td>실습 일자</td><td>년 월 일</td><td>실습실</td><td></td></tr>
<tr><td>실습 준비물</td><td colspan="3">실습동물 또는 모형
방사선 촬영기기 또는 모형
방사선 보호 장비(납가운, 고글, 납장갑, 갑상선 보호대 등)</td></tr>
<tr><td>실습 내용</td><td colspan="3">1) 오른쪽 앞다리굽이관절의 외측상(Lateral view), 전후상(CrCd view)을 실습해 봅시다.

2) 실습한 검사에서 X-선 중심선(Beam center)은 어디인지, 촬영 범위는 어떻게 되는지 적어 봅시다.

3) 양질의 앞다리 방사선 영상을 획득하기 위해 촬영 시 주의사항을 적어 봅시다.</td></tr>
</table>

4 뒷다리 방사선검사

알기 쉬운 동물보건영상학 실습지침서

✔ 뒷다리뼈 및 관절 명칭

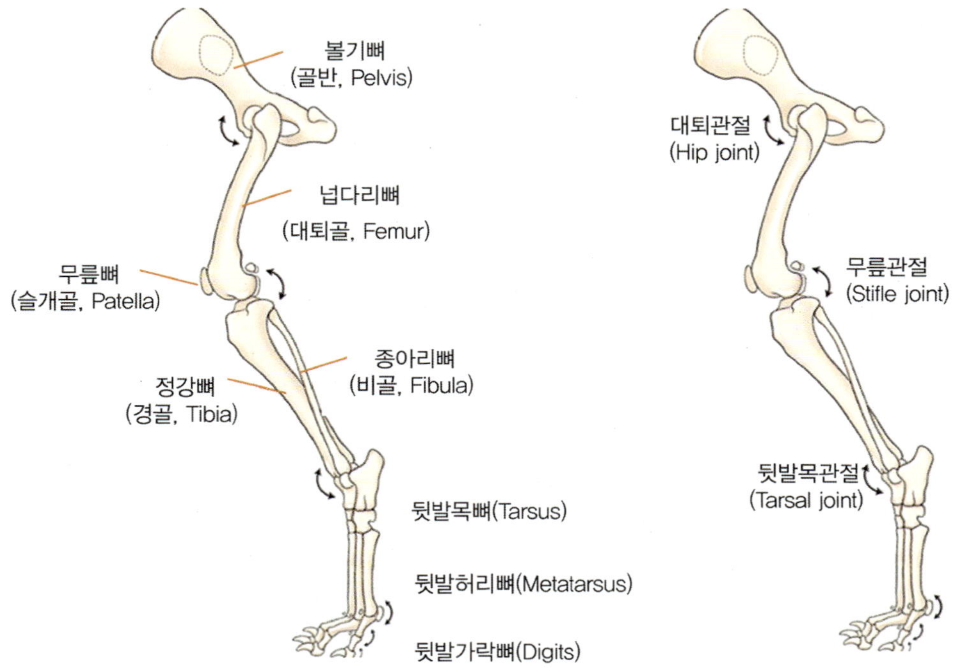

✔ 뒷다리 촬영 준비

- 기본 자세 : 90° 각도를 이루는 2장의 사진이 필요
- 촬영 범위 설정
  - 뼈 : 검사하고자 하는 뼈의 근위부, 원위부 관절을 포함하여 촬영
  - 관절 : 검사하고자 하는 관절의 근위부, 원위부 뼈의 1/3을 포함하여 촬영
- 촬영하고자 하는 부위를 제외한 다른 부위는 방사선 노출이 최소한이 되도록 함
- 검사하고자 하는 부위는 가능한 한 검사대에 가깝게 위치시켜 영상의 왜곡을 최소화 함
- 반대쪽 다리도 같은 자세로 촬영하여 확인

실습 방법

골반뼈의 외측상(Lateral view) 촬영

① 방사선 보호장비를 착용한다.

② 동물환자의 오른쪽 외측면이 검사대 바닥에 닿도록 눕힌다(Rt. lateral recumbency).

③ 실습생1 : 한 손으로 동물환자의 머리를 잡고 다른 한 손으로 앞다리를 잡아 움직임을 제한한다.

④ 실습생2 : 오른쪽 뒷다리가 왼쪽 뒷다리보다 조금 더 앞에 놓이도록 두 다리가 겹쳐지지 않게 놓는다(마커로 뒷다리의 오른쪽/왼쪽을 표시한다).

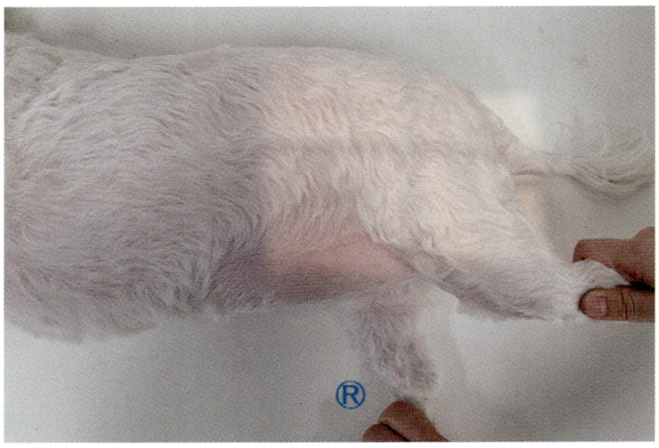

⑤ 방사선 촬영 시 중심선(Beam center)은 대퇴관절(고관절, Hip joint)이다.

⑥ 촬영 범위는 골반뼈 전체를 모두 포함하도록 방사선 노출 범위(Collimation)를 조절한다.

⑦ 촬영이 끝나면 방사선 보호장비를 벗어서 잘 정리한다.

골반뼈의 복배상(VD view) 촬영

① 방사선 보호장비를 착용한다.

② 동물환자의 등쪽 면이 방사선 검사대 바닥에 닿도록 눕힌다(Dorsal recumbency).

③ 실습생1 : 손으로 앞다리를 한쪽씩 잡고 환자의 몸이 일직선이 되어 좌우 돌아가지 않도록 한다.

④ 실습생2 : 한 손에 뒷다리를 한쪽씩 잡고 대퇴관절(고관절, Hip joint)이 척추에서 45° 정도 되는, 자연스럽게 구부어진 자세로 뒷다리를 잡는다(Frog-leg view).

⑤ 방사선 촬영 시 중심선(Beam center)은 양쪽 대퇴관절의 정중이다.

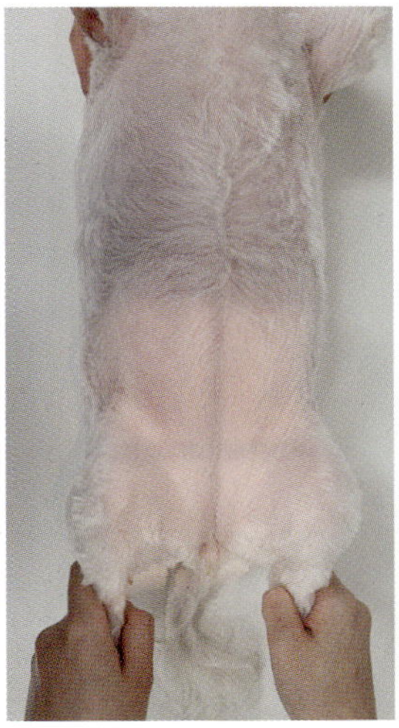

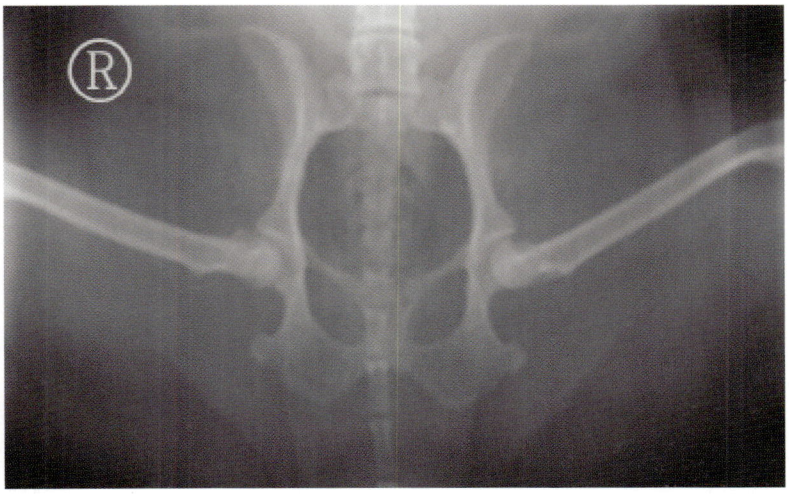

⑥ 촬영 범위는 엉덩뼈 능선(Iliac crest)에서 무릎뼈(슬개골, Patella)까지의 영상을 획득할 수 있도록 방사선 노출 범위(Collimation)를 조절한다.

⑦ 촬영이 끝나면 방사선 보호장비를 벗어서 잘 정리한다.

실습 일지

실습 일자	년　　월　　일	실습실	
실습 준비물	실습동물 또는 모형 방사선 촬영기기 또는 모형 방사선 보호 장비(납가운, 고글, 납장갑, 갑상선 보호대 등)		
실습 내용	1) 골반뼈의 외측상(Lateral view), 복배상(VD view)을 실습해 봅시다. 2) 실습한 검사에서 X-선 중심선(Beam center)은 어디인지, 촬영 범위는 어떻게 되는지 적어 봅시다. 3) 양질의 뒷다리 방사선 영상을 획득하기 위해 촬영 시 주의사항을 적어 봅시다.		

실습 마무리

✚ 대형견에서 주로 발생하는 고관절 이형성(Hip dysplasia)은 유전적인 질환으로 대퇴관절(Hip joint)의 비정상적인 발달을 의미한다. 출생 시에는 증상이 나타나지 않다가 시간이 지나면서 비정상적인 보행, 통증, 운동을 꺼려하는 증상을 보이며 방사선검사를 통해 진단될 수 있다. 다음 그림을 보고 고관절 이형성 평가를 위한 방사선 촬영기법인 Extended VD 촬영 방법에 대해 알아봅시다.

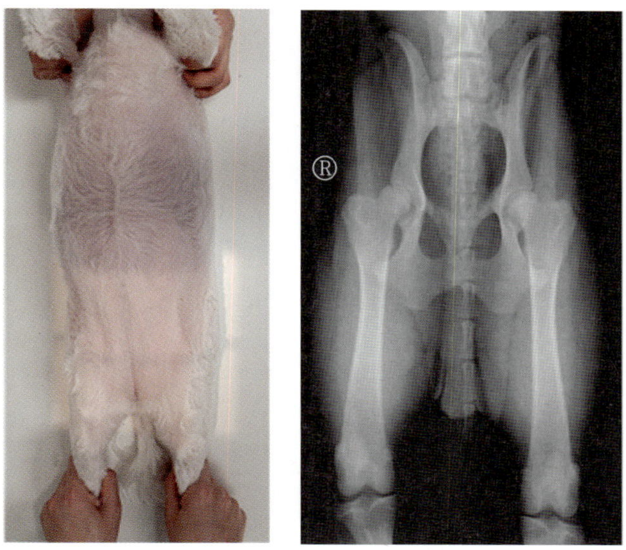

(촬영을 위해 동물환자를 진정시켜 근 이완을 유도할 수 있다).

① 동물환자를 등이 촬영대 쪽으로 가도록 눕힌다(Dorsal recumbency).

② 넙다리뼈가 서로 평행하도록 뒷다리를 뒤로 당겨 쭉 편다.

③ 무릎뼈(Patella)와 넙다리뼈 도르래(Trochlea)가 겹치도록 뒷다리를 내측으로 회전시키면 넙다리뼈 머리가 명확하게 나타난다.

④ 골반뼈는 촬영대 면과 평행하게 하고 꼬리는 위쪽으로 올라가지 않도록 하며, 골반뼈는 회전되지 않게 해야 한다.

⑤ 방사선의 중심선은 두덩뼈(치골, Pubis) 가장자리의 중앙이고

⑥ 촬영 범위는 엉덩뼈날개(Iliac wing)에서 무릎뼈(Patella)까지이다.

5 척추 방사선검사

대부분 척추 부위 외상에 의해 부분 또는 완전 마비를 보이는 동물환자들은 척추 방사선검사가 필요할 수 있다. 또한 추간판 질환(IVDD)이 의심되는 환자들은 일반 방사선 사진이 지시될 수 있고 주로 발생하는 부위는 T12-T13, T13-L1, C2-C3 및 C3-C4이다.

✔ 척주(Vertebral column)는 크게 5부분으로 나뉨

척주	Cervical vertebrae 목뼈(경추골)	Atlas	고리뼈(환추골)
		Axis	중쇠뼈(축추골)
	Thoracic vertebrae		등뼈(흉추골)
	Lumbar vertebrae/sacrum		허리뼈(요추골)
	Sacral vertebrae/sacrum		엉치뼈(천골)
	Caudal(coccygeal) vertebrae		꼬리뼈(미추골)

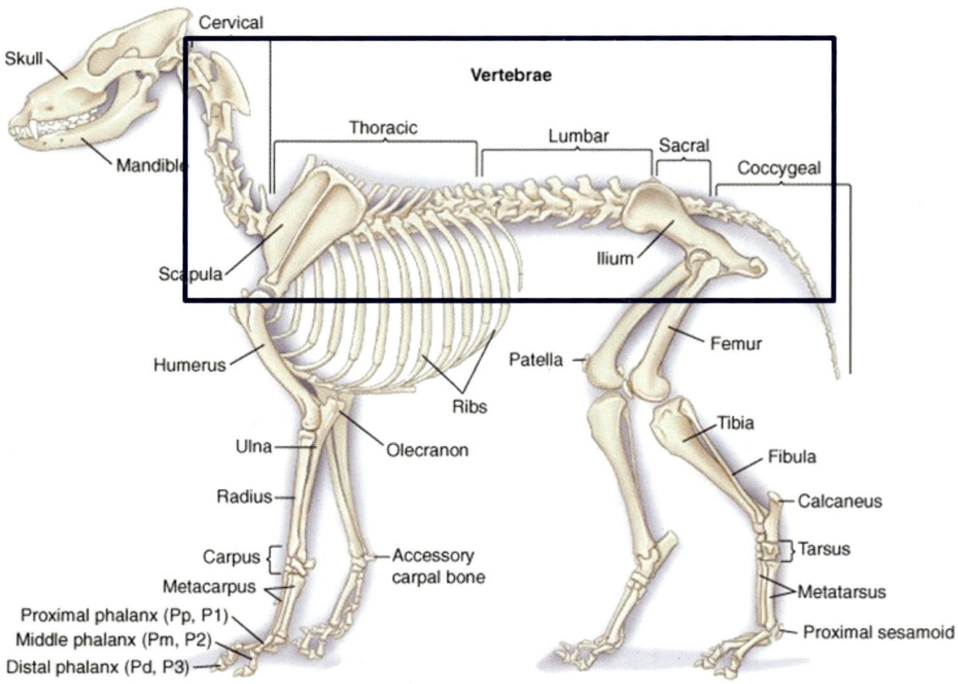

✔ 흉부 촬영 준비

- 기본 자세 : 90° 각도를 이루는 2장의 사진이 필요
  외측상(Lateral view)과 복배상(VD view)
- 가능한 여러 컷의 촬영 영상이 필요함 → 검사하고자 하는 척추 개수를 최소화하여 검사대와 검사할 척주의 주행이 평행해야 함(몸의 회전 방지를 위해 패드(Pad)의 사용이 유효할 수 있음).

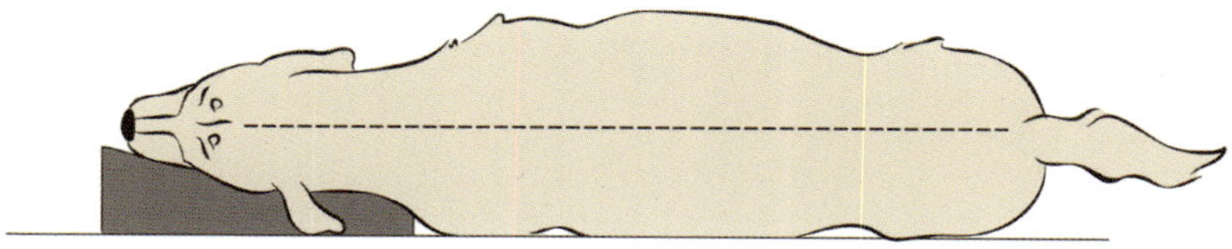

- 중심선(Beam center) : 검사하고자 하는 척추 범위의 중앙

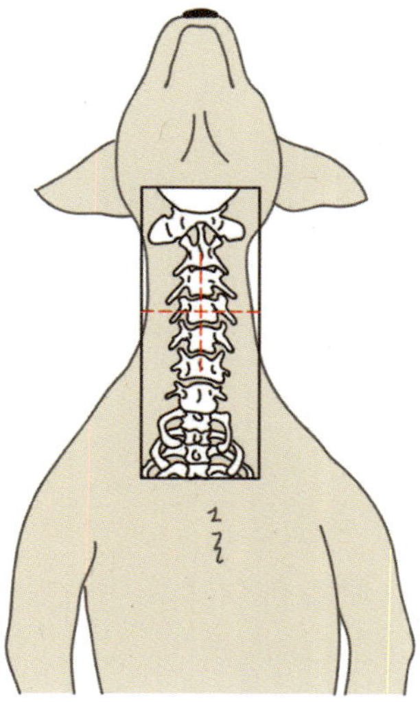

실습 방법

목뼈(경추) 외측상(Lateral view) 촬영

① 방사선 보호장비를 착용한다.

② 동물환자의 오른쪽 외측면이 검사대 바닥에 닿도록 한다(Lateral recumbency).

③ 실습생1 : 한 손으로 양쪽 귀를 잡고 다른 한 손으로 주둥이를 잡아 앞으로 살짝 당긴다(머리가 완전한 외측상으로 촬영되어야 경추의 가로돌기가 서로 겹쳐 방사선 판독이 원활해짐).

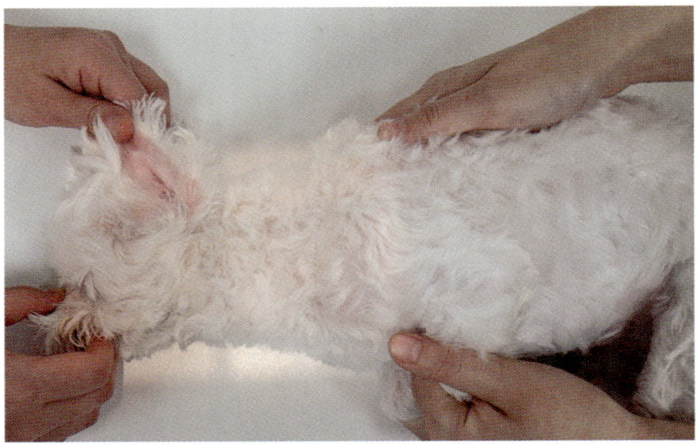

④ 실습생2 : 한 손으로 동물환자의 등쪽 몸통을 잡고 다른 한 손은 앞다리를 잡아 뒤로 살짝 당긴다. 몸통이 회전되지 않도록 주의한다. 척추 배열은 자연스러운 곡선을 그리므로 방사선 촬영대와 척추가 평행이 되도록 공간이 있는 부위에 패드를 넣어 영상의 왜곡을 방지할 수 있다.

⑤ C1~C7까지 영상에 포함될 수 있도록 방사선 노출 범위(Collimation)를 조절한다.

⑥ 방사선 촬영 시 중심선(Beam center)을 C3-C4에 맞춘다.

⑦ 촬영이 끝나면 방사선 보호장비를 벗어서 잘 정리한다.

복배상(Ventrodorsal view) 촬영

① 방사선 보호장비를 착용한다.

② 동물환자의 등쪽 면이 방사선 검사대 바닥에 닿도록 눕힌다(Dorsal recumbancy).

③ 실습생1 : 한 손으로 동물환자의 오른쪽 귀와 머리를 감싸고 다른 한 손으로 동물환자의 왼쪽 귀와 머리를 감싸고 앞으로 살짝 당긴다. 동물환자의 머리와 코는 방사선 검사대와 평행하게 놓고 좌/우로 머리가 돌아가지 않도록 한다.

④ 실습생2 : 오른손으로 동물환자의 왼쪽 앞다리와 몸통을 잡고 왼손으로 동물환자의 오른쪽 앞다리와 몸통을 잡고 뒤쪽으로 살짝 당긴다. 몸통 좌/우로 돌아가지 않도록 동물환자의 좌우가 대칭이 되도록 주의한다.

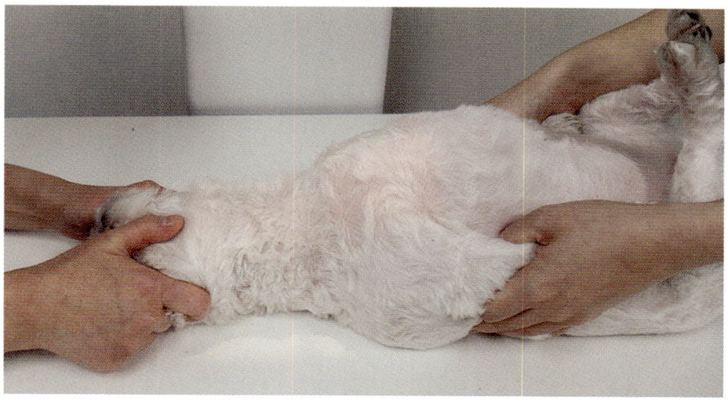

⑤ C1~C7 까지 전체 경추를 포함하도록 방사선 노출 범위(Collimation)를 조절한다.

⑥ 방사선 촬영 시 중심선(Beam center)을 C3-C4에 맞춘다.

⑦ 촬영 후 방사선 보호장비를 벗어서 잘 정리한다.

실습 일지

실습 일자	년 월 일	실습실	
실습 준비물	실습동물 또는 모형 방사선 촬영기기 또는 모형 방사선 보호 장비(납가운, 고글, 납장갑, 갑상선 보호대 등)		
실습 내용	1) 방사선 촬영 자세는 목뼈(경추)의 외측상(Lateral view), 복배상(VD view)을 실습해 봅시다. 2) 실습한 검사에서 X-선 중심선(Beam center)은 어디인지, 촬영 범위는 어떻게 되는지 적어 봅시다. 3) 양질의 목뼈(경추) 방사선 영상을 획득하기 위해 촬영 시 주의사항을 적어 봅시다.		

실습 마무리

- 1번 목뼈(경추)인 환추골(Atlas)과 2번 목뼈(경추)인 축추골(Axis)의 비정상적인 관절에 의한 신경계 임상 증상을 나타내는 환축추 불안정(AAI, Atlantoaxial instability) 환자는 경부 통증, 보행실조, 사지 부전마비, 호흡곤란 등의 증상이 발생할 수 있다. 다음 그림을 보고 목뼈(경추) 추가 검사(Flexed lateral view)에 대해서 알아봅시다.

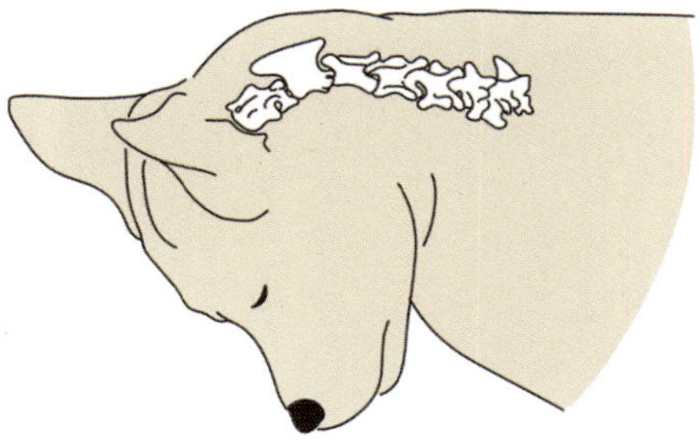

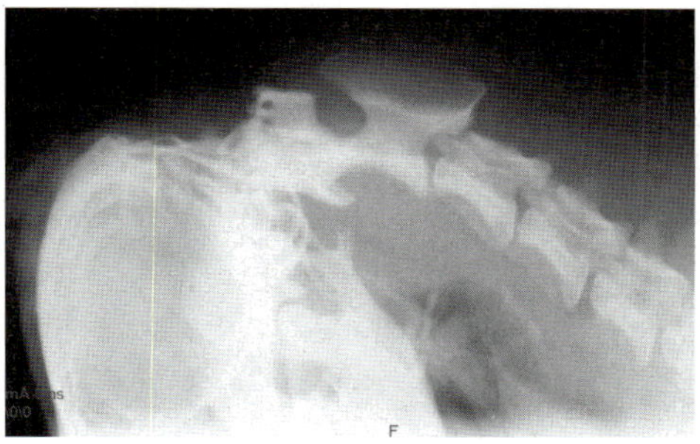

6 머리 방사선검사

알기 쉬운 동물보건영상학 실습지침서

머리는 척추와 함께 신체의 축이 되는 골격을 구성한다. 두개골 내 복잡한 구조물의 중첩, 품종에 따른 두개골 크기나 모양의 다양성으로 인해, 양질의 방사선 영상의 획득이 어려울 수 있다. 낙상이나 교통사고를 당하거나, 신경계 증상을 보이는 동물환자에서 머리 방사선검사가 필요할 수 있으며 최근 CT나 MRI 검사로 많은 정보를 얻을 수 있으나 CT나 MRI 검사를 위해서는 전신마취가 필요하고 비용이 많이 들기 때문에 머리 방사선검사가 먼저, 일반적으로 진행된다.

✔ 두개골의 기본적인 해부학

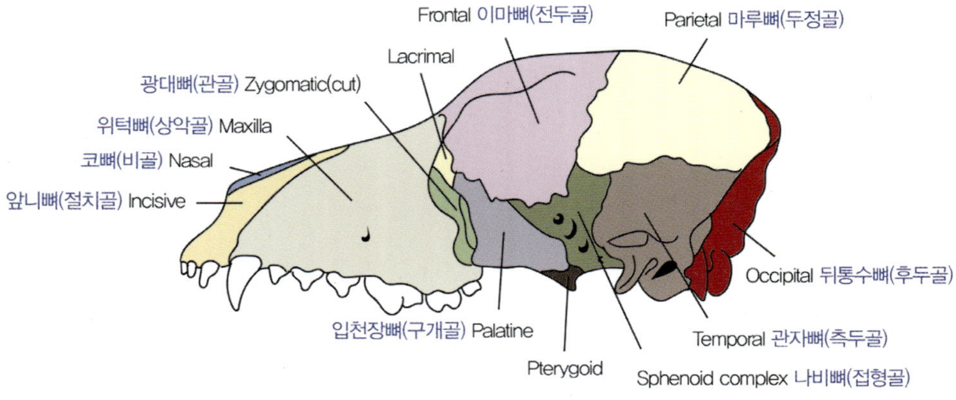

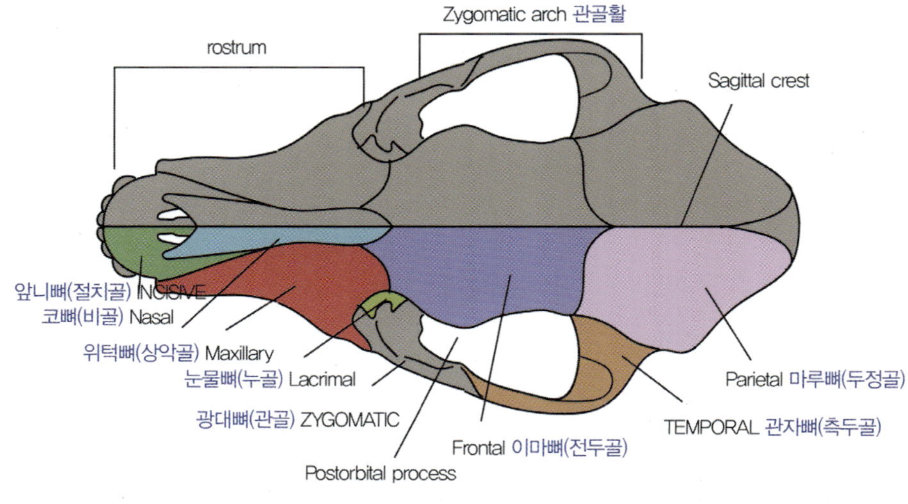

✔ 머리 촬영 준비

- 기본 자세 : 90° 각도를 이루는 2장의 사진이 필요
  외측상(Lateral view)과 배복상(DV view)
- 두개골의 가장 가까운 부위를 방사선 발생 장치의 양극(Cathode) 쪽으로 오도록 위치시킨다(Heel effect).
- 두개골은 좌우가 대칭이므로 영상을 올바르게 식별하기 위해 오른쪽/왼쪽 마커(Marker)를 놓아두고 촬영을 한다.
- 중심선(Beam center) : 두개골 중앙의 광대뼈(Zygomatic bone) 가장 두꺼운 부위
- 머리 촬영은 미세한 자세 보정이 필요할 수 있으므로 동물환자를 대할 때 차분하고 낮은 목소리로 이야기하는 것이 좋다.
- 양질의 영상을 획득하기 위해 위치 고정 보조기구(Sandbag, Pad, Tape)를 사용하거나 진정제를 투여할 수 있다.

실습 방법

두개골 외측상(Lateral view) 촬영

① 방사선 보호장비를 착용한다.

② 동물환자의 오른쪽 외측면이 검사대 바닥에 닿도록 한다(Lateral recumbency).

③ 실습생1 : 한 손으로 양쪽 귀를 잡고 다른 한 손으로 주둥이를 잡아 앞으로 살짝 당긴다(두개골 내 좌/우 구조물들이 외측상에서 정확하게 겹쳐지기 위해 대부분의 환자에서 코를 들어올리며, 이때 방사선 투과성의 스폰지가 필요할 수 있다. 또한 필요에 따라 입을 닫거나 벌리게하여 촬영할 수 있다).

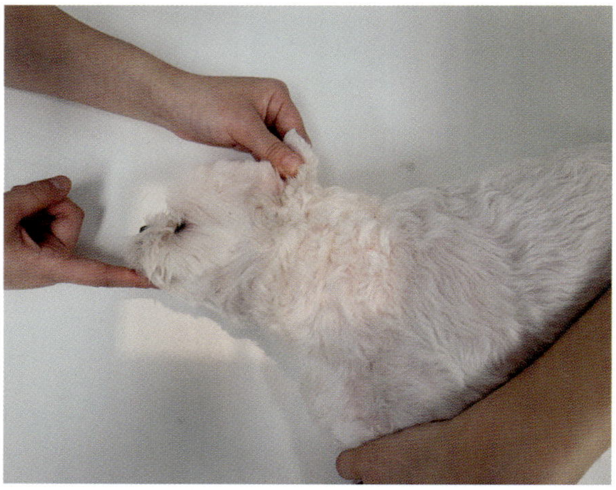

④ 실습생2 : 한 손으로 동물환자의 등쪽 몸통을 잡고 다른 한 손은 앞다리를 잡아 뒤로 살짝 당긴다. 몸통의 회전은 두개골의 정 외측상을 방해할 수 있으므로 주의한다.

⑤ 두개골 전체가 영상에 포함될 수 있도록 방사선 노출 범위(Collimation)를 조절한다.

⑥ 촬영이 끝나면 방사선 보호장비를 벗어서 잘 정리한다.

두개골 배복상(Dorsoventral view) 촬영

① 방사선 보호장비를 착용한다.

② 동물환자의 배쪽 면이 방사선 검사대 바닥에 닿도록 눕힌다(Ventral recumbancy).

③ 실습생1 : 한 손으로 동물환자의 오른쪽 귀를 잡고 다른 한 손으로 동물환자의 왼쪽 귀를 잡고 머리가 좌우 대칭이 되도록 조정한다. 동물환자의 머리와 코는 방사선 촬영대와 평행하게 잡는다.

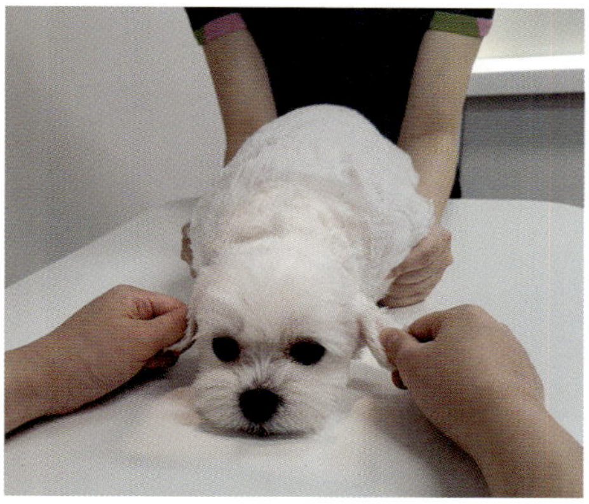
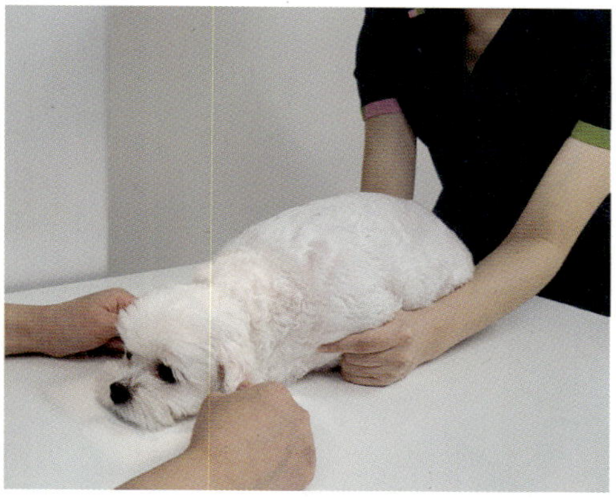

④ 실습생2 : 오른손으로 동물환자의 왼쪽 앞다리와 몸통을 잡고 왼손으로 동물환자의 오른쪽 앞다리와 몸통을 잡고 뒤쪽으로 살짝 당긴다. 몸통이 돌아가면 머리가 완전히 대칭이 되지 않을 수 있으므로 몸통이 돌아가지 않도록 주의한다.

⑤ 두개골 전체를 포함하도록 방사선 노출 범위(Collimation)를 조절한다.

⑥ 촬영 후 방사선 보호장비를 벗어서 잘 정리한다.

실습 일지

실습 일자	년 월 일	실습실	
실습 준비물	실습동물 또는 모형 방사선 촬영기기 또는 모형 방사선 보호 장비(납가운, 고글, 납장갑, 갑상선 보호대 등)		
실습 내용	1) 방사선 촬영 자세는 머리의 외측상(Lateral view), 배복상(DV view)을 실습해 봅시다. 2) 실습한 검사에서 촬영 범위가 어떻게 되는지 적어 봅시다. 3) 양질의 머리 방사선 영상을 획득하기 위해 촬영 시 주의사항을 적어 봅시다.		

실습 마무리

✚ 신경계 증상을 나타내는 동물환자의 경우 일반 두개골 방사선 검사 외 추가 검사(Occipital view)가 필요할 수 있다. 다음 그림을 보고 Occipital view에 대해 설명해 봅시다.

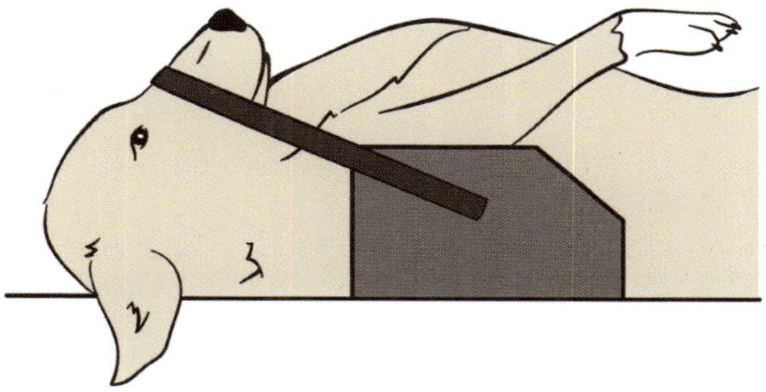

7 식도조영검사

알기 쉬운 동물보건영상학 실습지침서

식도조영검사(Contrast study)는 일반방사선으로는 소화기계의 운동성 검사를 할 수 없지만 조영검사를 통해 가능한다. 식도 이물 확인에 이용되기도 한다.

✔ 조영제(Contrast agent)

바륨 (Barium)	가스트로그라핀 (Gastrografin)	옴니파크 (Iohexol)	BIPS
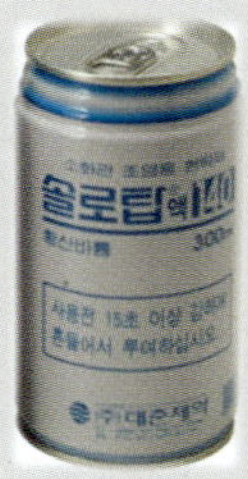	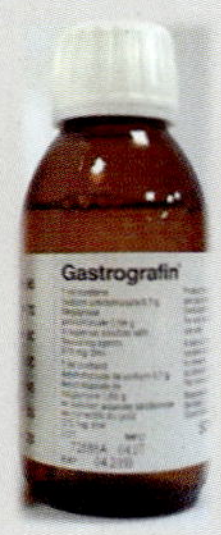	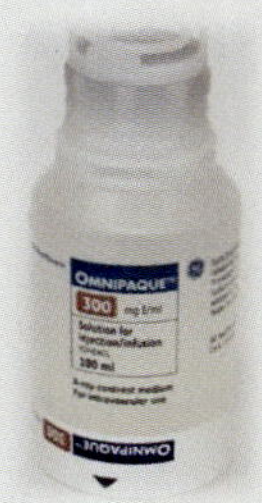	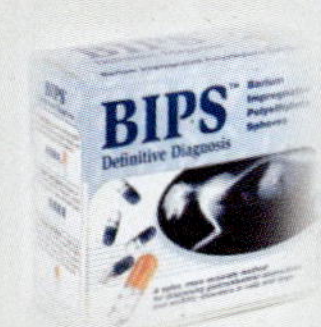

① 바륨(Barium)

- 고농도 현탁액(120%)으로 점막 도포력이 매우 우수
- 식도 조영 시에는 원액으로, 위장관 조영 시에는 1 : 3으로 희석해서 사용
- 식도 천공이 의심될 경우 세척하지 않는 한 흡수되지 않음 → 염증 유발

② 가스트로그라핀(Gastrografin)

- 점성의 맑은 액체
- 주성분은 요오드(Iodine)으로 흡수 가능해 천공이 의심될 때 사용 가능

③ 옴니파크(Iohexol)

- 점성의 맑은 액체
- 주성분은 요오드(Iodine)으로 흡수 가능해 천공이 의심될 때 사용 가능
- 고가의 조영제

④ BIPS(Barium Impregnated Poly Sphere)

- 캡슐 내 바륨성분의 내용물이 있어 소화기의 운동성 평가에 용이
- 고가의 조영제

실습 방법

① 방사선 보호장비를 착용한다.

② 동물환자의 일반 방사선 촬영(Plain radiographs)을 한다.

③ 황산바륨(Barium sulphate) 조영제를 통조림 사료에 1 : 1로 섞어 조영제를 준비한다.

④ 환자를 외측상 방사선촬영 자세로 눕힌 후 조영제를 먹이면서 외측상 방사선 촬영을 하여 조영제가 넘어가는 영상을 촬영한다.

⑤ 촬영이 끝나면 방사선 보호장비를 벗어서 잘 정리한다.

실습 일지

실습 일자	년 월 일	실습실	
실습 준비물	실습동물 또는 모형 방사선 촬영기기 또는 모형, 황산바륨 조영제, a/d 캔 방사선 보호 장비(납가운, 고글, 납장갑, 갑상선 보호대 등)		
실습 내용	1) 식도조영검사를 실시하기 위해 사용할 수 있는 조영제의 종류에 대해 알아보고 장단점에 대해 설명해 봅시다. 2) 식도조영검사 방법 중 통조림 사료에 조영제를 섞어 먹이며 음식물의 이동 과정을 검사하는 방법에 대해 알아보고 실습해 봅시다.		

8 방광조영검사

방광조영검사(Contrast cystogrphy)는 배뇨곤란, 빈뇨증, 혈뇨 등 방광 질환이 의심되는 동물환자에서 진단과 예후에 관한 정보를 제공하는, 간단하고 경제적으로 실시할 수 있는 검사이다. 방광조영검사를 통해 방광 내 종괴(종양), 방광 파열 여부, 비정상적인 모양과 위치에 있는 방광 등을 평가할 수 있다.

✔ 역행성 요로조영술(Retrograde urogram)

① 검사 목적 : 방광과 요도 관찰

② 방법

- 양성조영술(Positive contrast study)
  - 방광 파열이나 방광의 변위가 의심되는 경우 양성조영술(Omnipaque)을 실시한다.
  - 조영제와 생리식염수를 1 : 1 정도 비율로 희석한 후 10ml/kg를 넣어서 방사선 촬영한다.
  - 방광염이나 방광종양이 있을 경우 방광 확장이 잘 되지 않아 손으로 방광의 압력을 느껴가면서 조영제를 넣어야 한다.
- 음성조영술(Negative contrast study)
  - 음성조영제로 실내 공기를 주로 사용한다.
- 이중조영술(Double contrast study)
  - 대부분의 경우 이중조영을 하게 된다.
  - 빈 방광 내에 희석하지 않은 양성 조영제(Omnipaque)를 소량(1~3ml) 넣은 후 음성 조경제(Room air, 19ml/kg)로 방광을 확장시킨다. 환자를 몸통을 여러 방향으로 돌려 방광벽에 조영제가 잘 붙도록 하고 촬영한다.

실습 방법

양성 방광조영술(Positive-contrast cystogram) 촬영

① 방사선 보호장비를 착용한다.

② 동물환자의 일반 복부 방사선 촬영(Plain radiographs)을 한다.

③ 환자 체중당 3.5~13ml/kg의 조영제(Omnipaque 150~400mg I/ml)를 준비한다.

④ 환자를 촬영대에 눕히고 요도카테터를 삽입하여 빈 주사기를 연결해 방광 내 요를 제거한다.

⑤ 요도카테터를 통해 준비한 조영제를 주입한다[계산한 조영제를 모두 주입하기 전에 외부에서 손으로 방광을 촉진했을 때 방광이 적당히 팽창했거나 조영제를 주입하는 주사기로 역압(Back pressure)이 느껴지면 조영제 주입을 중단한다].

⑥ 조영제가 찬 방광을 평가하기 위해 하복부 방사선 촬영을 4방향으로(외측상, 복배상, 왼쪽 사위상, 오른쪽 사위상) 실시한다.

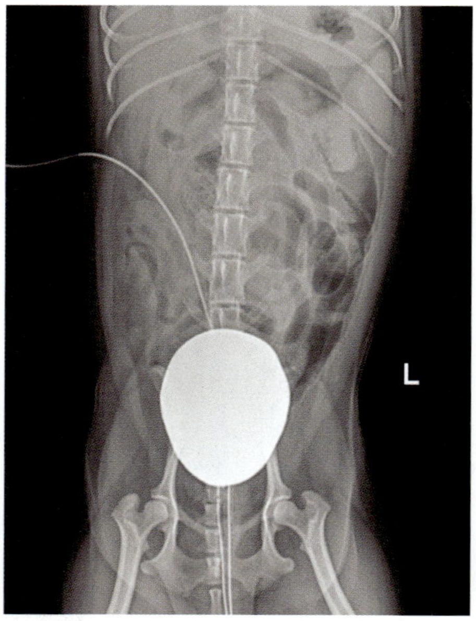

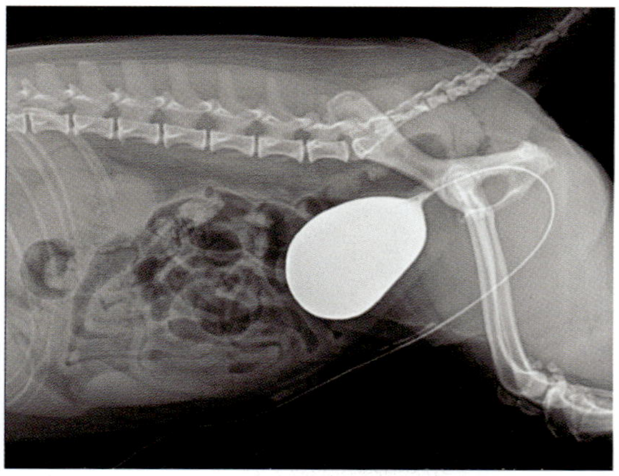

⑦ 촬영이 끝나면 방사선 보호장비를 벗어서 잘 정리한다.

실습 일지

<table>
<tr><td>실습 일자</td><td>년 월 일</td><td>실습실</td><td></td></tr>
<tr><td>실습 준비물</td><td colspan="3">실습동물 또는 모형
방사선 촬영기기 또는 모형, 옴니파크 조영제
요도 카테터, 30ml 주사기
방사선 보호 장비(납가운, 고글, 납장갑, 갑상선 보호대 등)</td></tr>
<tr><td>실습 내용</td><td colspan="3">1) 방광조영검사를 언제 적용해야 하는지 이해하고 필요한 준비물을 준비해 봅시다.

2) 양성 방광조영검사 방법을 숙지하고 실습해 봅시다.</td></tr>
</table>

PART 03

초음파검사 원리의 이해와 검사 보조

1 초음파검사 원리 이해 및 기기 구성

사람이 듣는 가청주파수(약 20~20,000Hz)보다 높은 주파수를 초음파라고 하는데, 이를 신체 내부로 보낸 후 내부에서 반사되는 음파를 영상화시켜 동물진단검사에 이용하는 것이 초음파검사이다. 동물병원에서는 초음파검사를 이용하여 실시간으로 동물환자의 검사 장기를 영상화하여 질병을 진단에 사용하는데 신체에 해를 끼치지 않으므로 안전한 검사가 가능하다.

✔ 초음파검사의 원리

- 초음파 검사에서 초음파는 탐촉자(Probe) 또는 변환장치(Transducer)에서 나오는데, 탐촉자 안에는 압전효과(Piezoelectric effect)가 있는 물질이 있어서 전기에너지를 기계적 에너지, 특 초음파 에너지로 바꿀 수가 있고 그 반대로도 가능하다.
- 초음파 전환장치는 초음파를 내보내고(Transmitter) 신호를 받아들이는(Receiver) 역할을 하는데, 초음파를 신체 조직에 일정한 속도로 투과시키면, 조직의 경계면에서 반사되어 되돌아오는 신호(Echo)를 검출하여 각 초음파 펄스의 투과 정도와 검출시간 간격을 측정하여 화면(Monitor) 상에 점(Dot)들로 영상을 표현한다.

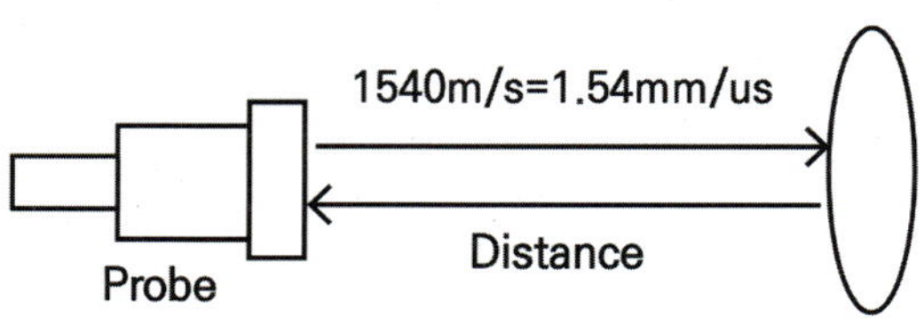

반사면까지 거리 = 속도 X (반사 시간/2)

✔ 초음파 장비의 구성

- 탐촉자(Transducer, Probe) : 일정한 간격으로 음파를 발산하고 그 음파의 에코를 받아들이는 역할을 하는 초음파 검사 도구
- 화면(Monitor) : 동물환자의 검사하고자 하는 부위를 판독할 수 있도록 영상을 보여줌
- 기기 계기판(Console) : 동물환자의 정보를 입력하고 각종 기능을 조절하여 영상의 질을 향상시키기 위한 조작 도구

Ⓐ 화면(Monitor)

Ⓑ 탐촉자 : Linear probe

Ⓒ 탐촉자 : Convex probe

Ⓓ 기기 계기판(Console)

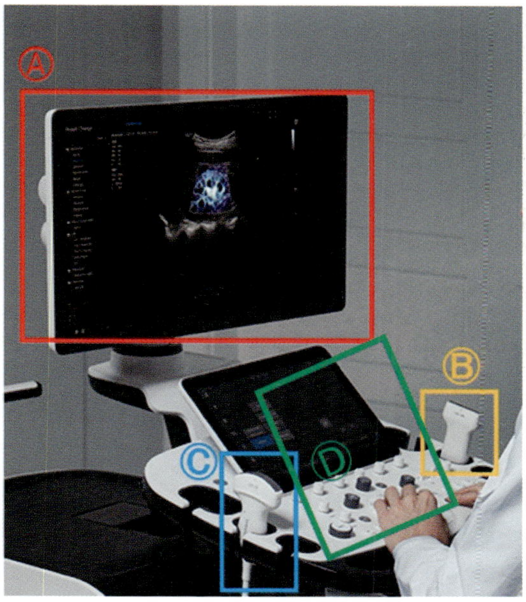

실습 일지

실습 일자	년 월 일	실습실	
실습 준비물	초음파기기 또는 그림판		
실습 내용	1) 초음파진단 기기의 원리에 대해 설명해 봅시다. 2) 초음파기기 또는 그림을 보고 장비의 구성과 명칭에 대해 설명해 봅시다. 3) 동물의료 영역에서 초음파검사가 언제 적용되는지 다른 영상검사 기기와의 차이점은 무엇인지 설명해 봅시다.		

2 복부 초음파검사

알기 쉬운 동물보건영상학 실습지침서

복부 초음파검사(Abdominal sonography)는 신체에 무해한 초음파를 이용하여 여러 복강 장기들(간, 담낭, 비장, 신장, 췌장, 소장, 대장, 방광, 부신 등)의 구조와 형태, 혈류의 흐름까지 실시간으로 관찰이 가능한다.

✔ 복부 초음파 검사 장비의 준비

① 전원(On-Off) 스위치를 켠다.

② 환자의 정보를 입력한다.

③ 탐촉자(Transducer)/주파수(Frequency) 선택한다.

④ 동물환자의 검사할 부위를 초음파 기계에서 선택한다.

⑤ 영상의 최적화를 위해 검사 부위에 맞게 Depth, Focus, Gain, TGC 등 조절

- Death : 검사 부위를 어느 정도 크기로 관찰할 것인가를 결정함. 소형견 복부 검사할 때는 4~5cm
- Focus : 검사하는 장기의 해상도를 높이기 위해 조정
- Gain : 영상의 밝기를 조절
- TGC(Time-gain compensation) : 검사 장기의 깊이(Death)에 따른 투과도 보정을 위해 설정

⑥ 검사가 끝나면 검사 장비를 깨끗이 닦고 제자리로 각 장비를 정리한다.

✔ 동물환자의 준비

- 검사 부위에 따라 금식이 필요할 수도 있다.
  - 복부 초음파 검사의 경우, 검사 8시간 전 금식
  - 배변을 시키면 장 내용물의 방해 없이 장 분절의 검사가 용이하다.
  - 방광 검사가 필요한 환자의 경우 보호자가 안고 검사를 대기할 수 있다.
- 삭모(Clipping) : 검사할 부위의 털을 깎는다.
- 동물 환자가 검사를 받는 동안 불편함이 없도록 편안한 자세로 누워서 검사를 진행한다.

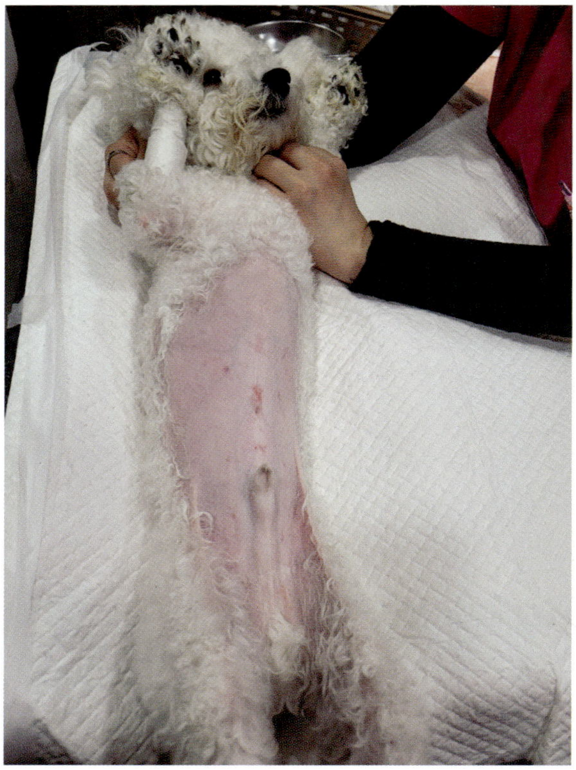

- 삭모한 피부 면에 공기 입자가 개재할 수 있으므로 알코올 스프레이를 뿌릴 수도 있다.
- 검사할 부위에 초음파가 잘 전달되도록 젤을 바른다.
- 초음파 Probe를 동물 환자의 검사 부위에 밀착시켜 검사를 진행함에 따른 사진의 흔들림(Artifact)을 최소화하는 것이 좋다.

실습 일지

<table>
<tr><td>실습 일자</td><td>년 월 일</td><td>실습실</td><td></td></tr>
<tr><td>실습 준비물</td><td colspan="3">초음파검사 기기
실습동물 또는 모형
클리퍼, 초음파 젤, 알콜 스프레이</td></tr>
<tr><td>실습 내용</td><td colspan="3">1) 복부 초음파검사를 위한 동물환자 준비과정이 어떻게 되는지 설명하고 실습해 봅시다

2) 복부 초음파검사를 위한 기기 준비에 대해 설명하고 실습해 봅시다.</td></tr>
</table>

3 심장 초음파검사

심장 초음파검사(Echocardiography)는 초음파를 이용해 심장의 해부학적 구조와 기능을 평가하는 검사법으로 초음파검사를 통해 심장과 주요 혈관을 비침습적으로 여러 방향에서 절단된 단면을 관찰할 수 있어 심장병 진단에 매우 유용하다.

✔ 심장 초음파 검사 장비의 준비

① 전원(On-Off) 스위치를 켠다.

② 환자의 정보를 입력한다.

③ 탐촉자(Transducer)/주파수(Frequency) 선택한다.

④ 동물환자의 검사할 부위를 초음파 기계에서 선택한다.

⑤ 영상의 최적화를 위해 검사 부위에 맞게 Depth, Focus, Gain, TGC 등 조절

- Death : 검사 부위를 어느 정도 크기로 관찰할 것인가를 결정
- Focus : 검사하는 장기의 해상도를 높이기 위해 조정
- Gain : 영상의 밝기를 조절
- TGC(Time-gain compensation) : 검사 장기의 깊이(Death)에 따른 투과도 보정을 위해 설정

⑥ 검사가 끝나면 검사 장비를 깨끗이 닦고 제자리로 각 장비를 정리한다.

✔ 동물환자의 준비

- 심장초음파 검사를 위해서는 금식이 필요하지 않다(검사에 매우 비협조적이거나 사나운 동물 환자의 경우 진정 혹은 마취가 필요할 수 있고, 마취 전 금식이 필요할 수 있으나 검사 결과에 영향을 미칠 수 있으므로 제한적으로 사용한다).
- 삭모(Clipping) : 3~6번째 갈비뼈 사이 공간의 털을 깎는다.

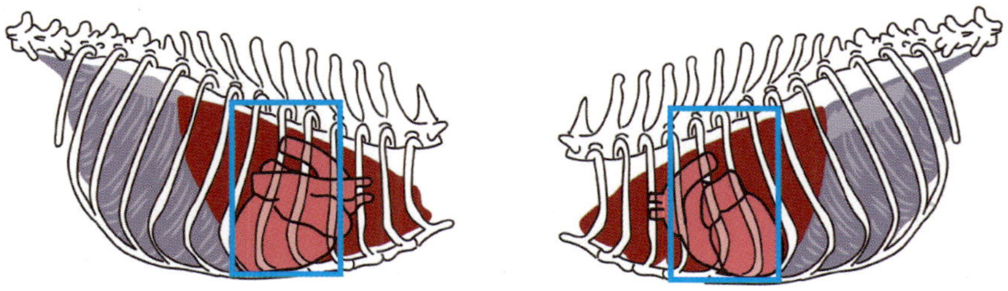

- 동물 환자가 검사를 받는 동안 불편함이 없도록 편안한 자세로 누워서 검사를 진행
  - 옆으로 누운 자세에서 검사를 진행한다(폐의 간섭을 최소화).
- 삭모한 피부 면에 공기 입자가 개재할 수 있으므로 알코올 스프레이를 뿌릴 수 있다.
- 검사할 부위에 초음파가 잘 전달되도록 젤을 바른다.

✔ 동물환자의 자세잡기

- Right view : 초음파 Probe가 환자의 오른쪽 흉골과 늑연골 연접부 공간으로 접근해서 검사했을 때 얻어지는 영상. 동물환자는 오른쪽 면이 검사대에 닿도록 눕히고 검사보조자는 오른쪽 손으로 앞다리를 잡고 손목으로 환자의 머리를 제어한다. 왼쪽 손으로 환자의 뒷다리를 잡고 왼쪽 팔로 환자의 몸통의 움직임을 제한한다.

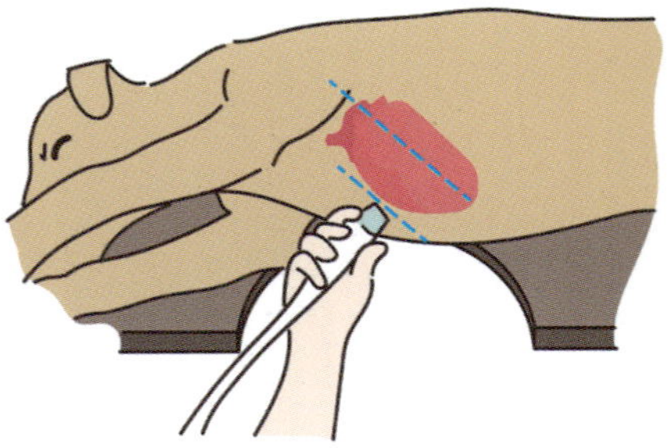
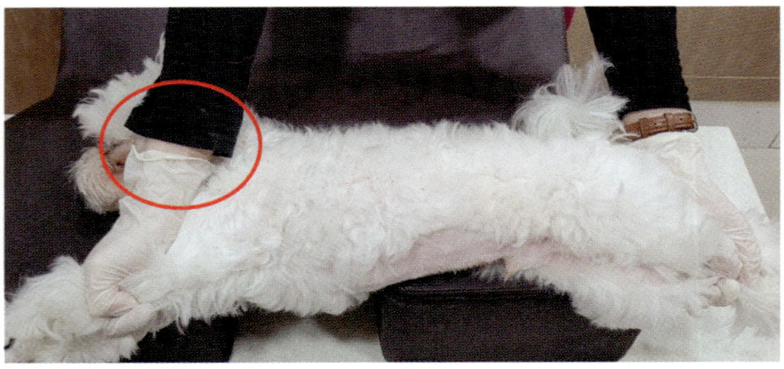

- Left view : 초음파 Probe가 동물환자의 왼쪽 흉골과 늑연골 연접부 공간으로 접근해서 검사를 했을 때 얻어지는 영상. 동물환자는 왼쪽 면이 검사대에 닿도록 눕히고 검사보조자는 왼쪽 손으로 앞다리를 잡고 손목으로 환자의 머리를 제어한다. 오른쪽 손으로 환자의 뒷다리를 잡고 오른쪽 팔로 환자의 몸통의 움직임을 제한한다.

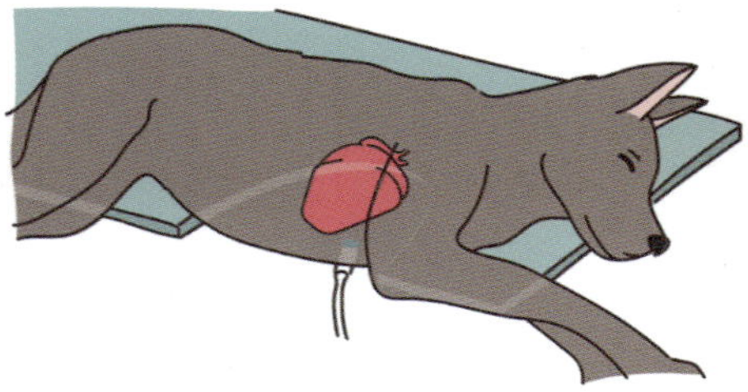
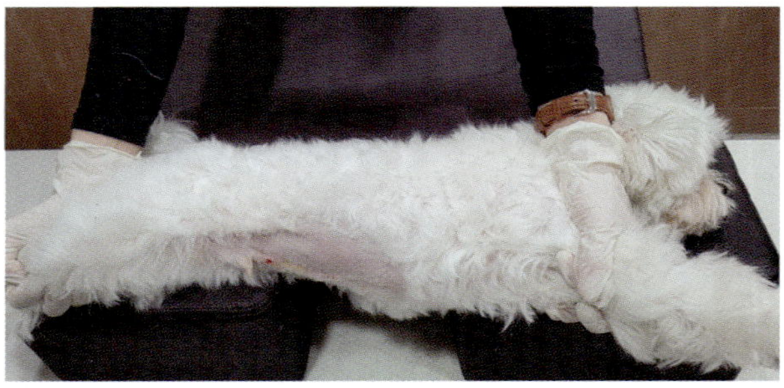

실습 일지

실습 일자	년 월 일	실습실	
실습 준비물	초음파검사 기기 실습동물 또는 모형 클리퍼, 초음파 젤, 알콜 스프레이		
실습 내용	1) 심장 초음파검사를 위한 동물환자 준비과정이 어떻게 되는지 설명하고 실습해 봅시다. 2) 심장 초음파검사를 위해 Right view와 Left view 자세잡기를 실습해 봅시다.		

4 안초음파검사

알기 쉬운 동물보건영상학 실습지침서

안초음파검사(Ocular sonography)는 초음파를 이용해 안구의 해부학적 구조와 이상을 평가하는 검사법이다.

✔ 안초음파검사 장비의 준비

① 전원(On-Off) 스위치를 켠다.

② 환자의 정보를 입력한다.

③ 탐촉자(transducer)/주파수(frequency) 선택한다.

④ 동물환자의 검사할 부위를 초음파 기계에서 선택한다.

⑤ 영상의 최적화를 위해 검사 부위에 맞게 Depth, Focus, Gain, TGC 등 조절

- Death : 검사 부위를 어느 정도 크기로 관찰할 것인가를 결정
- Focus : 검사하는 장기의 해상도를 높이기 위해 조정
- Gain : 영상의 밝기를 조절
- TGC(Time-gain compensation) : 검사 장기의 깊이(Death)에 따른 투과도 보정을 위해 설정

⑥ 검사가 끝나면 검사 장비를 깨끗이 닦고 제자리로 각 장비를 정리한다.

✔ 동물환자의 준비

- 검사를 위해 동물환자가 검사대에 앉은 자세를 취한다.
- 검사보조자는 한 손으로 동물환자의 머리를 잡고 다른 한 손으로 양쪽 앞다리를 잡아 환자의 몸을 보조자 몸에 최대한 밀착시켜 환자의 움직임을 제어한다.

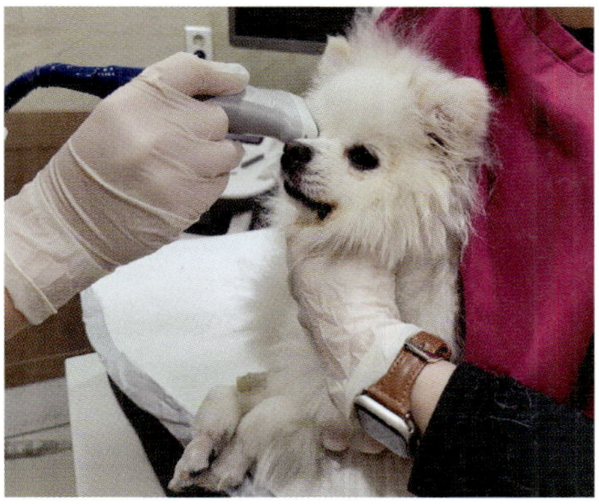

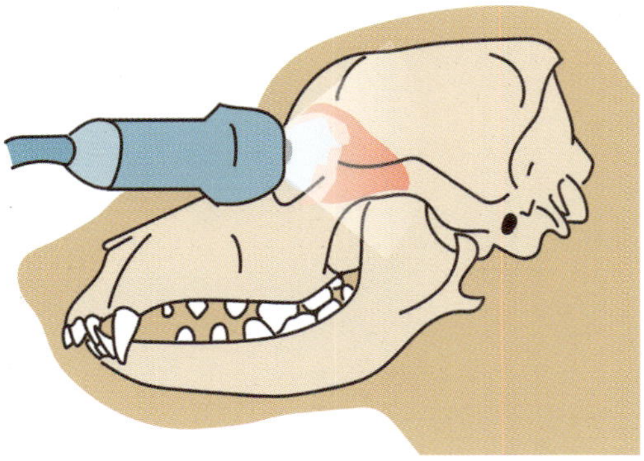

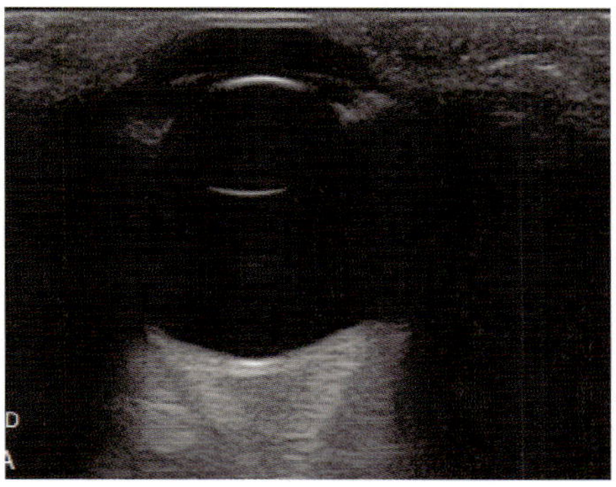

실습 일지

실습 일자	년 월 일	실습실	
실습 준비물	초음파검사 기기 실습동물 또는 모형 초음파 젤		
실습 내용	1) 안초음파검사를 위한 동물환자 준비과정이 어떻게 되는지 설명하고 실습해 봅시다. 2) 안초음파 영상에서 다음은 어느 구조물인지 적어 봅시다. 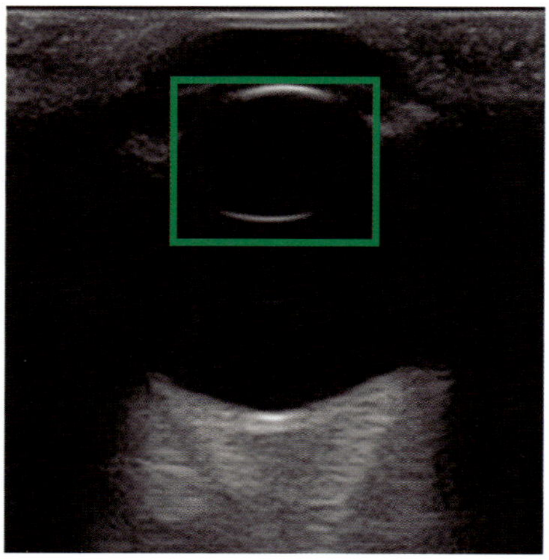		

PART 04

CT · MRI 검사 보조

1 CT 검사 보조

알기 쉬운 동물보건영상학 실습지침서

CT(컴퓨터단층촬영)검사는 단순 X-ray와는 달리 여러 각도 촬영을 통해 주변 구조물의 겹침없이 해부학적으로 내부 단면의 모습을 화상으로 처리함으로써 병변 부위를 빠르고 세밀하게 확인할 수 있는 검사 방법이다.

✔ CT 검사 원리

CT 검사는 가느다란 빔 형태의 X-선을 동물환자에게 투과시켜 결과를 반대쪽 검출기로 받아 X-선 데이터를 컴퓨터로 계산하여 영상으로 재구성한다. 신체 단면상을 바둑판처럼 일정한 간격으로 나눠 원하는 두께와 가로, 세로가 같은 직육면체의 벽돌을 촘촘히 배열해 놓고 전산기가 계산을 통해 벽돌의 개개 X-선 흡수 정도를 알아내 흑백으로 묘사한 것으로 이해하면 된다. 이와 같이 CT에서는 각 화소의 X-선 흡수 정도가 얼마인지가 중요한데, 이런 흡수 정도를 CT 수치 또는 CT의 발명자 이름을 따서 HU(Hounsfield unit)라고 하며 물이 0, 공기가 -1000, 밀도가 큰 뼈가+1000이며, 그 밖의 다른 물질들은 각각 감쇄 정도에 따라 +1000에서 -1000 사이의 값을 가지게 된다.

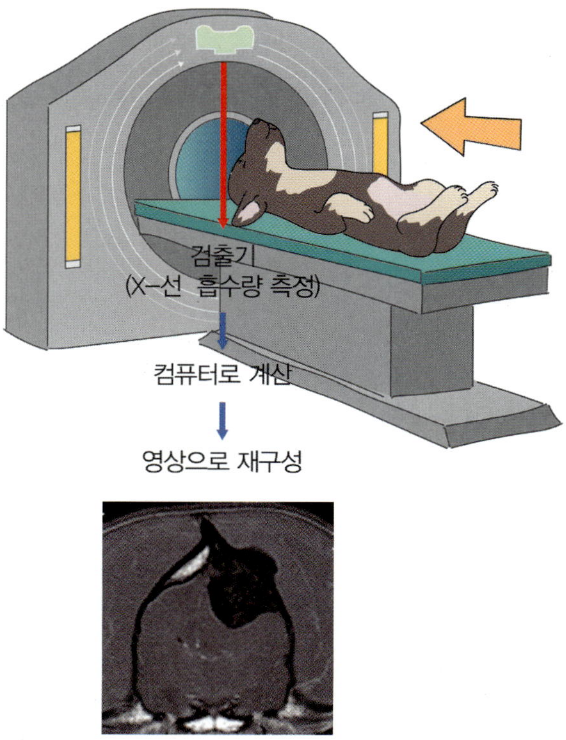

✔ CT 촬영 준비

- CT 검사 전에 동물 환자가 착용한 옷이나 목줄을 제거한다.
- 동물 환자는 검사를 위해 전신 마취가 필요 : 검사 8시간 전부터 금식해야 한다.
- 촬영 전 CT 전원을 켜고 예열(Warm up) 하여 촬영할 수 있는 상태로 준비한다.
- 마취기와 조영제 자동 주입기를 확인한다.
- CT 기계 Table에 검사 부위에 맞게 환자 자세를 잡은 후 환자의 몸 주변 케이블을 정리한다(모니터링을 위해 연결한 케이블은 영상에 허상을 유발할 수 있으므로 최대한 검사 부위에서 멀리 위치시킨다).
- 담요를 이용하여 환자가 검사 동안 체온이 떨어지지 않도록 한다.
- CT 촬영을 진행한다.

실습 일지

<table>
<tr><td>실습 일자</td><td>년 월 일</td><td>실습실</td><td></td></tr>
<tr><td>실습 준비물</td><td colspan="3">실습동물 또는 모형</td></tr>
<tr><td>실습 내용</td><td colspan="3">1) 머리 CT 촬영을 위한 동물환자의 자세에 대해 알아보고 실습해 봅시다.

2) 흉부 CT 촬영을 위한 동물환자의 자세에 대해 알아보고 실습해 봅시다.</td></tr>
</table>

2 MRI 검사 보조

MRI(Magnetic Resonance Imaging)는 외부 자장을 갖는 마그넷(Magnet)에 의해 환자의 물 분자를 구성하는 원자 중 수소 원자를 고에너지의 상태로 만들어 공명을 일으키고, 이로 인해 나타나는 운동에너지로 생기는 펄스를 잡아 영상화하여 컴퓨터로 재구성하여 단면 또는 3차원으로 영상화한 진단 장비로 뇌병변(종양, 염증), 디스크 질환이 있는 척수, 관절 등의 검사에 유용하다.

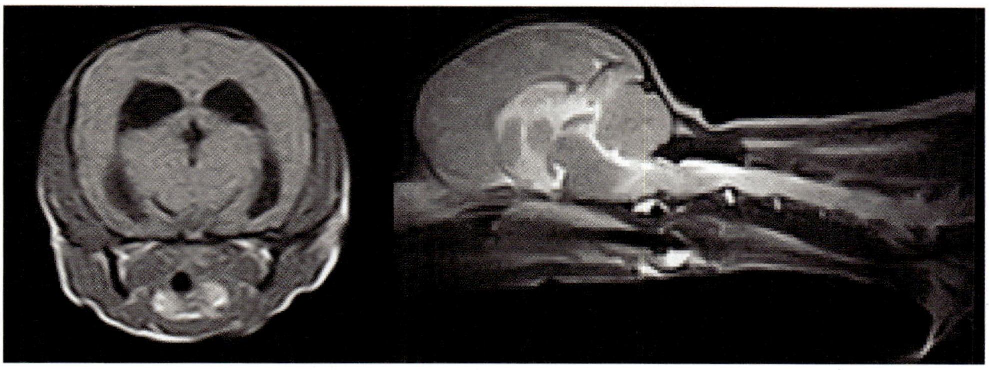

✔ MRI 촬영 준비

- 동물 환자의 목줄, 인식표 등을 제거한다. 체내 삽입된 마이크로칩으로 인해 허상이 생길 수 있기 때문에 촬영 부위에 따라 검사 전 제거할 수 있다.
- 체내 금속 물질 등(Fixing device..)이 장착되어 있다면 위험할 수 있어 다른 검사로 대체할 수 있다.
- 동물 환자는 검사를 위해 전신마취가 필요 : 검사 8시간 전 금식해야 한다.
- MRI 영상화를 위한 메인 컴퓨터는 일정 온도를 유지해야 한다.
- 검사 부위에 맞게 Table 내 환자 자세를 잡은 후 촬영을 시작한다.
- 검사 부위에 맞게 RF 코일, 조영제, 담요 또는 환자 자세를 잡기 위한 쿠션이 필요할 수 있다.

✔ MRI 검사 시 안전·유의사항

MR 검사실에 들어가기 전

- 동물 환자의 몸 겉에 있는 금속 물질을 제거하고 몸 안에 있는 마이크로칩이나 Fixing device 등이 있는지 확인하는 과정이 필요하다.
- 검사보조자의 몸에 지닌 물품을 확인 : 의료용 가위, 포셉 등의 금속 물질, 휴대전화 등의 전자제품이나 신용카드 등을 가지고 검사실에 들어가지 않도록 주의한다.

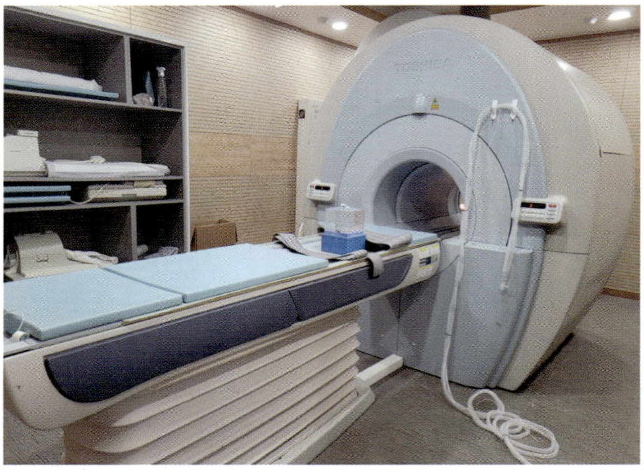

실습 일지

실습 일자	년 월 일	실습실	
실습 준비물	실습동물 또는 모형		
실습 내용	1) 머리 MRI 촬영을 위한 동물환자의 자세에 대해 알아보고 실습해 봅시다. 2) MRI 촬영을 위해 동물환자와 검사보조자가 주의해야 할 점에 대해 알아보고 실습해 봅시다.		

저자 소개

김경민

경상국립대학교 수의과대학 졸업

서울대학교 수의학석사(수의영상의학 전공)

한국동물보건사대학교육협회(KAVNUE) 교육이사

현) 경성대학교 반려생물학과 교수

알기 쉬운 동물보건영상학 실습지침서

초판발행 2023년 2월 15일

지은이 김경민
펴낸이 노 현

편 집 탁종민
기획 / 마케팅 김한유
표지디자인 이영경
제 작 고철민 · 조영환

펴낸곳 ㈜피와이메이트
서울특별시 금천구 가산디지털 2로 53, 210호(가산동, 한라시그마밸리)
등록 2014. 2. 12. 제2018-000080호
전 화 02)733-6771
f a x 02)736-4818
e-mail pys@pybook.co.kr
homepage www.pybook.co.kr
ISBN 979-11-6519-387-4 93520

정 가 18,000원

박영스토리는 박영사와 함께하는 브랜드입니다.